ANÁLISIS GRÁFICO/EXPLORATORIO

MODESTO ESCOBAR

ANÁLISIS GRÁFICO/EXPLORATORIO

editorial
LA MURALLA, S.A.

HESPÉRIDES

Cuadernos de Estadística
Dirección: Ramón Ardanuy Albajar
Juan Etxeberria Murgiondo
Gregorio Rodríguez Gómez
Francisco J. Tejedor Tejedor

Constancia, 33. 28002 Madrid
c/ Bolivia, 8. Pol. Los Villares
37184 Villares de la Reina (Salamanca)

ISBN: 84-7635-387-1
Depósito legal: M-35.947-1999
Printed in Spain – Impreso por Ibérica Grafic, S. A. (Madrid)

ÍNDICE

INTRODUCCIÓN

La Estadística es llamada a veces la Ciencia de los grandes números, pues entre sus múltiples operaciones se encuentra la función de explorar, resumir y encontrar pautas existentes en grandes cantidades de datos. Las características de millones de personas pueden sintetizarse diciendo que un 52% de la población son mujeres y un 48% son varones. Otra de las principales funciones de la Estadística es la de clasificar a conjuntos de seres u objetos. Es decir, mediante los procedimientos adecuados pueden agruparse a los individuos de modo que queden conformados en bloques homogéneos. La Estadística también ayuda a demostrar las conexiones causales existentes a través del estudio de las asociaciones de fenómenos o características y sirve, en consecuencia, para la realización de predicciones de la realidad. Finalmente, para cumplimentar estas funciones, no es preciso recoger el conjunto de datos posibles (población), sino que con una adecuada (generalmente aleatoria) selección de casos, se pueden realizar correctas inferencias sobre el conjunto. En definitiva, el análisis estadístico de datos persigue la descripción, comprensión, explicación o previsión a través del resumen o la relación de las informaciones obtenidas de una serie determinada de objetos.

En la realización de análisis estadísticos pueden distinguirse dos aproximaciones: la primera va a ser llamada análisis exploratorio de datos (AED) e incluye la organización, descripción y resumen de los datos. Mediante ella, a través de análisis numéricos y representaciones gráficas se destacan las características que presentan los datos a fin de detectar posibles errores en ellos y, sobre todo, descubrir cuáles son las pautas que los caracterizan.

La segunda aproximación se basa en la estimación, prueba de hipótesis y ajuste de modelos que den cuenta de la distribución obtenida de los datos. Es evidente que las investigaciones mejores y más desarrolladas incluyen necesariamente las operaciones de esta segunda etapa; pero tampoco es menos cierto que estas operaciones no pueden llevarse a cabo sin previamente haber realizado un adecuado análisis exploratorio de datos.

A partir del libro que Tukey publicó en 1977, titulado *Exploratory Data Analysis*, los estadísticos han prestado cada vez más atención a un examen atento de los datos previo a la realización de técnicas más complejas de confirmación de hipótesis. Este libro incorporó una nueva perspectiva al análisis estadístico porque, además de añadir nuevos índices para el análisis de las variables, se basaba en los siguientes criterios:

a) Una importancia central otorgada a la representación gráfica de las variables. Un modo simple de formarse una idea de cómo se distribuyen los datos es mediante su transformación en un gráfico, porque de esa forma no sólo se perciben las puntuaciones centrales sino también la particular configuración del conjunto de individuos.

b) Un énfasis puesto en la calidad de la resistencia de los estadísticos, característica que consiste en la insensibilidad de éstos a la presencia de datos extremos o, incluso, errores altos de medición. Por ello, si la estadística clásica se centraba en medidas como la media aritmética y la varianza, el análisis exploratorio de datos prefiere la mediana y la amplitud intercuartos, pues son más resistentes a casos extremos.

c) Una concepción inductiva de la estadística basada en la distinción entre el ajuste y el residuo. Lo primero es aquello que sigue una determinada pauta, lo segundo la parte del dato que se aleja del ajuste. El análisis exploratorio intenta buscar el mejor ajuste posible a los datos a través de distintas pruebas iterativas de modo que los residuos sean los mínimos posibles.

d) Una apertura a la transformación de las variables con el objeto de conseguir modelos más ajustados. Desde la eliminación de los casos extremos en las variables hasta la reconversión no lineal de éstas, el análisis exploratorio usa técnicas que transforman los datos para la consecución de ajustes más notables.

Este libro pretende ser una guía para estudiantes e investigadores que, sin tener amplios conocimientos matemáticos ni estadísticos, deseen conocer las herramientas gráficas y exploratorias. La exposición del contenido se hace desde un punto de vista integrador pues presenta y explica los índices y gráficos tanto de la escuela clásica de la Estadística como de la del análisis exploratorio de datos. Por otro lado, consciente de la importancia e inevitabilidad de la utilización de programas informáticos, se incorpora la explicación de cómo se realizan los gráficos y se obtienen los estadísticos. Para seguir el estilo de la colección donde se integra esta obra, se ha elegido el programa SPSS[1], que incorpora un programa básico de análisis, llamado *Examinar*, con un importante núcleo de técnicas exploratorias.

El primer capítulo comienza con los rudimentos del análisis: las variables, consideradas aisladamente una por una, el estudio de su distribución y las medidas que las caracterizan. Seguidamente, se presenta un repertorio de los gráficos para la representación de las variables. El tercer capítulo pasa revista a las transformaciones que se pueden aplicar a los datos para obtener mejores ajustes. En el último capítulo, se desarrollan los procedimientos que se utilizan para el análisis conjunto de variables: la comparación y la asociación.

Para mostrar ejemplos de los procedimientos explicados, se han utilizado tres fuentes distintas. En primer lugar, se han expuesto datos sencillos e imaginarios para que el lector capte inmediatamente las operaciones estadísticas practicadas. Hay una segunda fuente, que consiste en datos socioeconómicos de países europeos extraídos del Atlas del Banco Mundial. Por último, cuando hay ejemplos de datos individuales de cuestionario, se utiliza la última encuesta que realizó el Cires (Centro de Investigación de la Realidad Social) en junio de 1996 bajo la dirección de Juan Díez Nicolás con una muestra de 1200 españoles mayores de 18 años.

---

[1] La versión que se ha utilizado es la 8.01 en castellano.

DESCRIPCIÓN DE VARIABLES: MEDIDAS

Cada uno de los entes de los que se dispone información recibe el nombre de *unidad* o caso. A cada unidad se puede atribuir un determinado *valor.* El conjunto de valores que de forma exhaustiva y mutuamente excluyente se puede atribuir a todas la unidades que se analizan recibe el nombre de *variable.* Expresado con distintas palabras, una variable es cualquier característica susceptible de adquirir distintas modalidades o valores. De esta forma, una serie de lápices puede clasificarse según su color (variable) en negro, rojo, verde, azul, blanco, ... (valores). También las personas pueden distinguirse según sean mujeres u hombres, tengan una edad u otra, sostengan una opinión o su contraria.

La información bruta de todo análisis estadístico es la matriz de datos. Ésta consiste en una forma de ordenación de la información basada en dos entradas o dimensiones. En una de ellas, generalmente la horizontal, se disponen las unidades; en la otra, generalmente la vertical, las variables. En la intersección de ambas se expresa el valor que una específica unidad tiene en una variable. Sea, por ejemplo, una familia con cuatro personas: la madre de 34 años, el padre con 35 y dos hijos varones con 5 y 6 años respectivamente. La matriz de datos que describiría cada una de las unidades en el conjunto tendría cuatro líneas y dos columnas. Sus dimensiones serían de 4x2.

Tabla 1. Matriz de datos

UNIDADES	VARIABLES	
	SEXO	EDAD
Madre	Mujer	34
Padre	Varón	35
Hijo mayor	Varón	6
Hijo menor	Varón	5

La matriz de datos de la Tabla 1 se compone de los ocho valores encerrados en el rectángulo: los cuatro, en realidad sólo dos distintos, de la primera columna corresponden a la variable sexo; los cuatro de la segunda columna pertenecen a la variable edad.

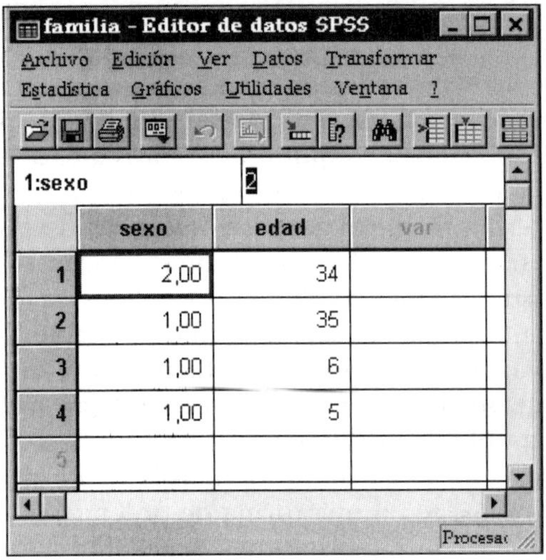

Figura 1. Matriz de datos en SPSS.

Desde el punto de vista informático, una matriz de datos equivale a un fichero con características y extensión diferencial (.sav, por omisión en el programa SPSS). En la figura 1, se muestra el fichero *familia* que contiene cuatro filas, reconocidas cada una de ellas con el número de orden y dos columnas, que representan sendas variables, denominadas respectivamente cada una de ellas sexo y edad[2].

Clasificación de variables

Las variables pueden ser clasificadas de distintos modos según las características que tengan los valores. En el primer ejemplo

---

[2] Cabe recordar que los nombres de las variables en el programa SPSS han de tener como máximo ocho caracteres (letras o números) contiguos, de los que el primero no puede ser número.

de matriz de datos aparecieron dos variables, que aparentemente son diferentes. La primera tiene valores de naturaleza *cualitativa:* «Varón» y «Mujer». La segunda presenta valores de tipo *cuantitativo*: «5», «6», «34» y «35». No cabe la menor duda de que el tratamiento que se puede aplicar a una y otra variable será muy distinto.

Una primera clasificación simple es la expuesta anteriormente entre las variables cuyos valores son cualidades o categorías, también llamadas atributos, y aquellas cuyos valores son números con propiedades aritméticas. La edad y el sexo son ejemplos claros de ambos tipos de variable. Pero también lo son la clase social (con sus distintas categorías) y los ingresos (expresados en dólares, pesetas o euros; pero, en todo caso, cantidades).

A su vez, entre las variables cualitativas se distinguen las *nominales*, cuyos valores sólo poseen la propiedad de la identidad (cualquier valor es igual a sí mismo y diferente del resto) y las *ordinales*, en las que puede establecerse una jerarquía completa entre valores de manera que si un valor llamado a está situado antes de un segundo denominado b y, a su vez, éste precede a un tercero, al que se conocerá con c, necesariamente el primero ha de estar ubicado por delante del tercero. Ambas propiedades pueden formularse como sigue:

Principio de identidad:

$$\begin{matrix} a=a \\ a\neq a \end{matrix} \quad (1)$$

Propiedad ordinal de los valores:

$$(a<b) \wedge (b<c) \Rightarrow (a<c) \quad (2)$$

Por otro lado, las variables cuantitativas pueden clasificarse en variables de intervalo o de razón según carezcan o tengan un valor 0 que represente la ausencia total de la calidad que están representando. El cociente intelectual sólo puede ser clasificado de variable de intervalo pues el valor 0 es arbitrario y no equivale a la carencia absoluta de inteligencia; en cambio, puede catalogarse como variable de razón a los ingresos medidos, por ejemplo, en euros ya que en este caso el cero indica la ausencia total de lo que expresa la variable. No se trata, como a veces suele confundirse, de que la variable tenga o no el valor cero para catalogarla de una u otra forma, sino del significado que tiene este valor.

Otra clasificación útil para variables cuantitativas es la que separa a las variables discretas de las variables continuas. Teóricamente, las primeras son aquellas con limitado número de valores de modo que entre dos valores contiguos es imposible encontrar empíricamente un tercero con un valor intermedio. Una persona puede tener dos o tres hermanos; pero no dos hermanos y medio. En cambio, en las variables continuas siempre será posible imaginar valores intermedios pues el número de ellos es infinito. Así, entre una persona que pesa 60 Kg y otra que pesa 61 Kg, es posible encontrar otra con 60.5 Kg; la única limitación estaría en la precisión de los instrumentos de medida.

Otra clasificación del tipo de variable es la que se utiliza para su introducción en una matriz de datos informática. Desde este punto de vista, en los programas estadísticos se pueden distinguir entre variables *numéricas*, variables *cadena* y variables *fecha*. Estas últimas constan de tres espacios para la introducción respectiva del día, mes y año, las variables cadena son de tal naturaleza que pueden introducirse en ellas tanto números como caracteres. En cambio, las variables numéricas sólo aceptan caracteres numéricos. Aunque parece que haya una correspondencia entre variables cadena y numéricas, por un lado, y variables cualitativas y cuantitativas, por el otro, la equivalencia es meramente aparente, pues generalmente en la matriz informática se introducen los valores de las variables en formato numérico y, rara vez, se emplean caracteres para representarlos[3]. De este modo, cada vez que hay que introducir el dato «mujer», en lugar de grabarse literalmente estas cinco letras, se introduce un código numérico, el 2 por ejemplo, que representará al valor real denominado etiqueta, que en este caso es ser mujer.

La tabla de distribución de frecuencias

El tratamiento más simple que puede darse a una matriz de datos no difiere según se trate con una u otra variable. La forma

[3] La excepción no siempre seguida a esta regla afecta a los identificadores de caso, como puede ser el nombre del país en el supuesto de tener una base de datos con sus indicadores socio-económicos. La razón de ello es que si cada caso tiene un valor distinto, el uso de etiquetas no es más simple que el de la introducción directa de valores. Aun así, también en estos casos, puede utilizarse una variable numérica con tantos valores como casos tenga la matriz de datos.

más simple de resumir la información de un conjunto de datos es la tabla de distribución de frecuencias, que consiste en presentar para cada valor de una –y sólo una– variable el número (*frecuencia*) de casos que lo comparte. Siguiendo el ejemplo de la Tabla 1, de los cuatro casos presentes en la matriz de datos, tres son varones y uno una mujer. De igual modo, en la variable edad, los cuatro casos poseen valores distintos, cada uno de ellos, por tanto, con una frecuencia de una unidad. La disposición típica de una tabla de distribución de frecuencias consiste en:

a) Exponer como encabezamiento el nombre de la variable.

b) Listar en la primera columna el repertorio de los distintos valores que presenta la variable entre los sujetos en estudio.

c) Mostrar en la segunda columna la frecuencia correspondiente a cada valor. Esta segunda columna se finaliza con el sumatorio de todas las frecuencias, lo que equivale a expresar el número total de casos analizados.

d) Por último, es conveniente crear una tercera columna con las *proporciones* o *frecuencias relativas*, que consisten en el cociente entre las frecuencias simples y su sumatorio. Más útil aún es transformarlas en porcentajes, pues de esta forma son de más fácil interpretación y la comunicación con el lector o auditor resulta favorecida (tabla 2).

Tabla 2. Distribución de frecuencias de la variable *sexo*

SEXO			
		Frecuencia	Porcentaje
Válidos	Hombre	3	75.0
	Mujer	1	25.0
	Total	4	100.0

e) Los pasos c) y d) pueden abreviarse en uno solo, si se exponen junto con cada valor (b) sólo los porcentajes y en la última fila el número de casos entre paréntesis para indicar que ya no se trata de una medida porcentual. (Ver la tabla 3).

Tabla 3. Distribuciones de frecuencias de las variables *sexo* y *edad*

Variable: Sexo		Variable: Edad	
Valores	Porcentajes	Valores	Porcentajes
Varón	75.0%	5	25.0%
Mujer	25.0%	6	25.0%
	(4)	34	25.0%
		35	25,0%
			(4)

La tabla 3 contiene dos variables. De los cuatro sujetos en estudio, el 75% son varones y el 25% mujeres. En relación con la edad, cada persona tiene un valor distinto en la variable.

Poco frecuentemente se realiza un estudio estadístico con tan sólo cuatro casos. A veces, con poca precisión, la Estadística ha sido definida como la ciencia de los grandes números, porque generalmente trata de describir grandes conjuntos, aunque para ello no necesite disponer de los datos de todos y cada uno de sus elementos. Se denomina *población* a ese gran conjunto del que se desea obtener una información, mientras que recibe el nombre de *muestra* un subconjunto de esa población extraído con unas determinadas condiciones que aseguren que el análisis que se efectúe con sus datos no difiera excesivamente del que se hubiese realizado teniendo la información de toda la población.

El tamaño que han de tener las muestras depende principalmente de cuán homogénea o heterogénea sea la población y, en menor medida, del tamaño de esta última. Sin embargo, empíricamente, podría decirse que muestras inferiores a los treinta casos son muy pequeñas, entre esa cantidad y los docientos siguen siendo pequeñas, entre esta última cifra y los 800 son muestras medianas, normales las comprendidas entre los 800 y los 3000 casos y por encima de varios miles pueden calificarse las muestras de grandes.

La matriz de datos con las que obtener las tablas de distribución de frecuencias tiene por tanto tantas filas como casos tenga la muestra y tantas columnas como variables tenga la investigación en estudio. Tampoco es usual organizar una investigación con sólo dos variables, a menos que sean muy difíciles de medir. Por regla general un estudio comprende un mínimo de diez variables y un máximo, en ocasiones escasas, de varios miles.

En este tipo de tablas la notación que se emplea para designar a los valores es x_i, con f_i se denominan las frecuencias absolutas, las frecuencias relativas se reconocen por p_i y el numero de casos se expresa bien con n si los datos corresponden a una muestra, o N si se trabaja con los datos de una población. Por último, I denota el número de valores distintos que posee la variable. Cuando los valores de una tabla son exhaustivos y mutuamente excluyentes son evidentes las siguientes igualdades:

$$\sum_{i}^{I} f_i = n \qquad \sum_{i}^{I} p_i = 1 \tag{3}$$

Otros porcentajes que pueden ser incluidos en una tabla son los porcentajes (sobre casos) válidos y, en el caso de que no se trate de variables nominales, los porcentajes acumulados. Los primeros son aquellos que se calculan con el número de casos de los que disponemos de información, en lugar de con el tamaño total de la muestra. Si de las cuatro personas de la familia, no se dispusiera del dato de la edad de la madre; entonces podrían calcularse dos porcentajes: uno sobre las cuatro personas que se sabe componen la familia y otro sobre las tres personas de las que se dispone información. En el primero, el 25% de los miembros de la familia tienen 35 años (la edad del padre); en el segundo el 33% de los sujetos de los que tenemos información tienen 35 años. Para formular este porcentaje, se considerará I' como el número de valores distintos y no perdidos que tiene la variable y como n' el número de sujetos con valores conocidos. De esta forma,

$$n' = \sum_{i=1}^{I'} f_i \tag{4}$$

y los porcentajes (p'_i) de los I' valores se calculan dividiendo por el nuevo tamaño muestral (n').

$$p'_i = \frac{f_i}{n'} \tag{5}$$

Los otros porcentajes que pueden calcularse son los *acumulados* (P_i), que se obtienen sumando progresivamente los porcentajes de los valores menores (o mayores) de los que se desean obtener. Generalmente, se acumulan sobre los porcentajes válidos, en lugar de los porcentajes simples.

$$P_i = \sum_{i=1}^{i} p_i \tag{6}$$

De este modo, la tabla edad quedaría completa con sus frecuencias y tres tipos de porcentajes:

Tabla 4. Distribución de frecuencias de la variable *edad*

EDAD					
		Frecuencia	Porcentaje	Porcentaje válido	Porcentaje acumulado
Válidos	5	1	25.0	25.0	25.0
	6	1	25.0	25.0	50.0
	34	1	25.0	25.0	75.0
	35	1	25.0	25.0	100.0
	Total	4	100.0	100.0	

La tabla 4 muestra una simple distribución de cuatro casos en la variable edad. Cada valor tiene una frecuencia única, por lo que existe un 25% de casos con 5 años, otro 25% con 6, 25% con 34 y, finalmente, otro cuarto que ha cumplido 35 años. Los porcentajes acumulados centrales, los únicos que merecen comentarse, señalan un 50% de personas con 6 o menos años y un 75% con la edad de 34 años o inferior.

Estadísticos resúmenes de distribuciones

Las distribuciones son un resumen de los datos disponibles de las muestras generalmente, pues pocas veces se cuenta con los datos de la población. Aun con todo, es posible condensar aún más la información con la ayuda de los estadísticos, que son datos calculables en la distribución que informan de alguna de sus características. Cinco son las principales características que pueden resumirse en una distribución: la tendencia central, la posición, la dispersión, la simetría y el apuntamiento.

Medidas de tendencia central

Por tendencia central se entiende un valor que representa al conjunto de valores de la distribución de una variable. En el caso extremo de una distribución en la que todos los sujetos tuvieran el mismo valor, ese dato daría cuenta de todos ellos. Pero, como su propio nombre indica, las variables no se caracterizan por presentar valores únicos. Por ello, hay diversos procedimientos para obtener una medida de tendencia central. Los más conocidos y empleados son:

a) La moda: valor que posee la mayor frecuencia de una distribución. Si en un grupo de cinco personas, tres son varones y dos mujeres; la moda es ser hombre. En la distribución de la tabla 4, donde hay cuatro casos, no existe moda porque los cuatro valores poseen la misma frecuencia. Para que haya moda, ha de existir un valor con mayor frecuencia que el resto[4].

b) La mediana es el valor que ocupa la posición central de una distribución ordenada por sus valores. En consecuencia, no tiene sentido su cálculo en el caso de variables nominales. Para obtenerla hay que buscar en una tabla de distribución de frecuencias el primer valor cuya frecuencia acumulada supere el 50%. Así, si se dispone de tres valores {4, 7, 6}, la mediana es 6, pues previamente ordenados, es el que ocupa el medio de la distribución y es el primero cuya frecuencia acumulada (66.6%) está por encima del 50%. En la tabla 4, la mediana corresponde a dos valores, pues existe un número par de casos. Por convención, se adopta que la mediana sea la semisuma de los dos valores centrales. En este caso, (6+34)/2, es decir, 20. Por tanto, para obtener la mediana cuando un determinado valor posea una frecuencia acumulada igual al 50%, es preciso calcular la semisuma con el siguiente valor de la tabla.

---

[4] No obstante, cuando hay dos valores con la misma frecuencia, se puede hablar de distribuciones bimodales, lo que implica la existencia de dos modas.

También puede calcularse la mediana obteniendo la posición central u ordinal de la mediana O(Med) y buscando el valor que ocupa la posición hallada mediante la siguiente fórmula:

$$O(Med)=\frac{n+1}{2} \qquad (7)$$

c) La tercera medida de tendencia central es la media aritmética, que es un promedio de los valores de la distribución obtenido mediante la división de la suma de todos los valores por el número de casos. La cantidad ofrecida por la media es, utilizando un aforismo, el valor que tendrían todos los valores en el supuesto de que todos los valores tuvieran el mismo valor. Si en un grupo humano una persona tiene un hermano, otra dos y la tercera tres, poseen en total seis hermanos, que si se distribuyeran equitativamente corresponderían a dos por persona. La obtención de este estadístico responde a la siguiente fórmula:

$$\bar{x} = \frac{\sum_{i=1}^{I} x_i f_i}{n} \qquad (8)$$

Así, la media de edad en la familia del ejemplo considerado sería de 20 años, que es el cociente entre la suma de las edades (80) de las cuatro personas y el número de miembros que la componen (4).

Medidas de localización

Son medidas de localización aquellas que indican el valor que ocupa un determinado orden en una distribución. La medida más simple de localización es la también medida de tendencia central, la mediana, pues es el valor que ocupa la posición del centro de la distribución, o dicho de otro modo, el 50% de las observaciones de la distribución tiene valores menores o iguales al de ella y el otro 50% tiene valores mayores o iguales. La mediana también puede ser concebida como aquel valor que divide a la distribución en dos partes iguales.

Otras medidas de localización son los cuartiles, que pueden ser definidos como tres valores que dividen a la distribución en cuatro partes iguales. Así, el primer cuartil tiene un 25% de casos por debajo de dicho valor; el segundo cuartil coincide con la mediana y el tercero presenta un 25% de casos con valores superiores. Para obtenerlos, se calcula, en primer lugar, las posiciones de los cuartiles $-O(Q_1)$ y $O(Q_3)-$ y a partir de ellas se extraen los valores correspondientes. Las posiciones respectivas del primer y tercer cuartil (el segundo es igual a la mediana) son:

$$O(Q_1)=\frac{n+1}{4}$$
$$O(Q_3)=\frac{3(n+1)}{4} \qquad (9)$$

Una vez obtenidas las posiciones, se buscan los valores que las ocupan. En el caso de que $O(Q_x)$ dé un valor decimal, se procede a una suma de los valores que ocupan la parte entera de la posición y el que ocupa la siguiente multiplicados respectivamente por (1-fracción) el primero y por la fracción decimal el segundo.

Así, en el ejemplo de la tabla 4, dado que son cuatro casos, al primer cuartil le correspondería la posición 1.25 y al tercero la 3.75. En consecuencia, el valor del primer y tercer cuartil serían respectivamente de

$$Q_1 = 5\times(1-0.25)+6\times0.25 = 5.25$$
$$Q_3 = 34\times(1-0.75)+35\times0.75 = 34.75$$

De similar familia son los deciles y percentiles. En el primer caso, son nueve valores que dividen a la distribución en diez partes iguales y, en el segundo, noventa y nueve que parte los datos en cien subconjuntos del mismo tamaño.

Para hallar lo n-tiles, se procede de modo similar a cuando se obtienen los cuartiles. Se busca la posición correspondiente al n-ntil y si ésta es decimal, se interpola los dos valores contiguos con los pesos de la fracción complementaria y original[5]. En general, la posición de un n-ntil (T_x) se ajusta a la siguiente fórmula:

[5] Cuando los datos de la distribución están agrupados en intervalos, existe también una fórmula para estimar el valor exacto dentro del intervalo, pero su explicación queda fuera del alcance de este texto.

$$O(Tx)=\frac{x(n+1)}{T} \qquad (10)$$

De este modo, el quinto sextil de una distribución con 35 casos, ocuparía la posición trigésima: 5(35+1)/6.

En el análisis exploratorio, en lugar de utilizar cuartiles, deciles y percentiles, se emplean medidas similares -aunque no siempre iguales a ellos- que son los cuartos (F_i y F_s)[6] o bisagras (*hinges*) propuestos por Tukey (1977), los octavos (E_i y E_s), los dieciseisavos (D_i y D_s), los treintaidosavos (C_i, C_s), ... Definidos operacionalmente como la mediana de las medidas de localización precedentes, lo que les diferencia es la posición en la que se buscan, pues para los cuartos viene definida por las siguientes expresiones:

$$O(F_i)=\frac{[O(Med)+1]}{2} \qquad (11)$$
$$O(F_s)=b+1-O(F_i)$$

En el supuesto de que n sea igual a 4, por ejemplo, la O(Me) es 2.5, los valores de $O(F_i)$ y $O(F_s)$ son respectivamente 1.5 y 3.5 y, aplicando la misma regla de la diferencia de fracciones mostrada en (10), se obtiene los valores de los cuartos:

$$F_i=\times(1-0.5)+6\times0.5 = 5.5 \qquad (12)$$
$$F_s=34\times(1-0.5)+35\times0.5 = 34.5$$

Como puede apreciarse, son ligeramente distintos de los cuartiles.

La posición de los octavos, a su vez, queda definida como:

$$O(E_i)=\frac{[O(F_i)+1]}{2} \qquad (13)$$
$$O(E_s)=n+1-O(E_i)$$

En la distribución de cuatro casos del ejemplo seguido, como $O(F_i)$ es igual a 1.5, las posiciones de los octavos inferior y superior

[6] Reciben la denominación de F de la palabra inglesa *forth*, los subíndices i y s indican respectivamente los cuartos inferior y superior. Se respeta la letra F para continuar la serie de estadísticos de localización exploratorios E (*eighth*), D, C, B,... de las distribuciones.

son las de 1 y 4, es decir, las correspondientes a la primera y última observación, cuyos valores respectivos son 4 y 35 años.

Para ofrecer una visión global de la distribución, estas medidas se disponen en una tabla de posición del siguiente modo:

Tabla 5. Tabla de posiciones de la variable edad

Med	*20*	
F	5.5	34.5
E	5	34

En esta tabla se advierte cómo en el centro de la distribución hay una diferencia de edades considerable, mientras que en los extremos los años de las personas son muy similares. En este caso, la función de esta tabla es relativa, en la medida que hay en ella más valores que casos, con lo que resultaría más pertinente obtener una idea precisa de la distribución mediante el examen de la distribución original.

En cambio, para examinar la distribución de la edad en una muestra de 1200 casos con unos 70 valores distintos, por ejemplo, la tabla de posiciones da una idea más certera de la distribución que la mera tabla de frecuencias. En la próxima tabla se muestra cuán pocos casos existe en el extremo superior de la distribución, en contraste con los casos con el valor mínimo (18 años). Además, el que los valores de la izquierda estén más próximos a la mediana, indica una mayor proporción de casos en cada uno de ellos que en cada uno de los valores superiores a la mediana.

Las tablas de posiciones pueden ampliarse con otro estadístico: la semisuma de las medidas de posición (desde el cuarto hasta el n-avo), que en realidad son medidas de posición central alternativas que se denominan los centros de los cuartos, octavos, dieciseisavos, ...

Asimismo pueden considerarse medidas de localización los valores mínimo y máximo, pues son aquéllos que se ubican en la primera y última posición de la tabla; pero también, en el análisis exploratorio se habla de los casos atípicos, que son los que están alejados de un cuarto más de vez y media la distancia entre cuartos. De la tabla 6 se deduce que no hay valores atípicos por debajo de la distribución pues, siendo la distancia entre cuartos de 33 años, no hay caso con una edad inferior a 29 (cuarto inferior) menos 1,5x

Tabla 6. Tabla de posiciones de la variable edad (n = 1200)

Med		*44*	
F	29	45.5	62
E	23	45.5	68
D	20	47.5	75
C	18	48.5	79
B	18	50	82
A	18	51	84
Z	18	51.5	85
Y	18	53.5	89
X	18	54.5	91
1	18	55	92

(62-29) años. Ni tampoco los hay por encima del cuarto superior porque para ello tendrían que tener más de 102 años (62+39,5). Y, de la misma forma, se habla de casos extremos cuando están alejados más de tres veces la distancia entre cuartos. Es evidente que tanto los valores atípicos como los extremos de una distribución no son únicos, sino más bien un rango de valores.

En una distribución con los siete valores siguientes: {10, 24, 26, 30, 30, 32, 60}, el valor 10 sería atípico, pues el cuarto inferior es 25 y el superior 31; por tanto la distancia entre ellos es de 6, y el valor de 10 se encuentra a una distancia superior a 9 (1.5x6) del cuarto inferior. Por otro lado, el 60 es un caso extremo pues el cuarto superior (31) más 3 veces la distancia entre cuartos (3x6) no llega a superarlo.

Medidas de dispersión

El tercer tipo de medidas son las llamadas medidas de dispersión. Indican cuán alejados están los valores de la distribución de aquel valor que los representa. Los estadísticos de dispersión más utilizados son:

a) La dispersión modal: es la proporción (o porcentaje) de sujetos de una distribución que no tienen el valor modal. Este simple estadístico es uno de los escasos que se pueden utilizar para obtener la dispersión en variables nominales u ordinales. Su fórmula se representa del siguiente modo:

$$D_{mo}=1-p_{mo} \qquad (14)$$

Así basta restar a uno la proporción de casos que tiene la moda. En el ya conocido ejemplo del grupo de cuatro personas, tres de las cuales son hombres, la dispersión modal sería del 25%, pues ésta es la proporción de personas que no son varones.

b) El rango: es la diferencia entre los valores extremos de una variable. En el caso de la variable edad en la familia de cuatro miembros que sirve de ejemplo, el rango toma el valor de 30 años, pues es la diferencia entre la edad (35) del mayor y la del menor (5). Esta medida puede estar muy condicionada por un solo valor extremo poco representativo de lo que se estudia. Imagínese un grupo de 200 personas de edades comprendidas entre 17 y 18 años, salvo una que tiene 60. En este caso decir que el rango es de 43 años daría una imagen sesgada de este agregado. Por ello, se utiliza frecuentemente el llamado rango intercuartílico, que es la diferencia entre los valores correspondientes al tercer y primer cuartil. Así, en el caso de la familia sería de 28 años, mientras que en los dos centenares de personas el rango intercuartílico sería de 1 año.

c) Del mismo modo que existe un rango intercuartílico, el análisis exploratorio emplea la amplitud intercuartos, interoctavos, interdieciseisavos, y así sucesivamente. Fruto de ello, se puede ampliar la tabla de posiciones con los rangos de cada una de estas posiciones. A la tabla 6 habría que añadirle una columna con las correspondientes amplitudes.

Lo que muestran las sucesivas amplitudes es cómo se va pasando desde la amplitud que abarca la mitad de los datos (33), hasta el rango que abarca al conjunto de ellos (74).

Tabla 7. Tabla de posiciones de la variable edad (n = 1200)

Med		*44*		*Amplitud*
F	29	45.5	62	33
E	23	45.5	68	45
D	20	47.5	75	55
C	18	48.5	79	61
B	18	50	82	64
A	18	51	84	66
Z	18	51.5	85	67
Y	18	53.5	89	71
X	18	54.5	91	73
1	18	55	92	74

d) La desviación media es un promedio de los valores absolutos de las desviaciones de los valores con respecto a la media aritmética. Ha de advertirse que se trata de promedio de valores absolutos, pues si no se prescindiese del signo de las desviaciones, por una importante propiedad de la media aritmética, siempre arrojaría el valor de cero. En la distribución de la edad de los miembros de la familia hay cuatro desviaciones sobre la media (20 años): el hijo menor se desvía -15 años de la media, el hijo mayor -14 años, la madre 14 años y el padre 15 años. La suma de estas cuatro desviaciones es 0, a menos que se añadan los valores sin considerar el signo que les precede, en cuyo caso la suma es de 58 años. De ahí se obtiene el promedio con la división de esta cantidad entre las cuatro personas que componen las observaciones realizadas, 14.5, que representa lo que cada caso se desvía en promedio de la media aritmética. Ello es obvio, pues dos casos se alejan de la media en 14 años y otros dos en 15 años.

e) Otro estadístico de dispersión importante para el análisis exploratorio de datos es la mediana de las desviaciones absolutas (MeDA). Tiene la ventaja de que, siendo un promedio que abarca todas las puntuaciones, no se ve afectada por los valores extremos como otras medidas que utilizan la media aritmética. Su fórmula es:

$$MeDA = Med\ |x_i - Med| \qquad (15)$$

En el ejemplo seguido con cuatro casos {5 , 6, 34, 35} y mediana igual a 20, el valor que adopta es el 14.5, pues las desviaciones absolutas son {15, 14, 14, 15} y la mediana de ellas es la cantidad mencionada.

f) La varianza es una media aritmética de las desviaciones cuadráticas de los valores con respecto a la media. En lugar de promediar los valores absolutos de las desviaciones, éstas se elevan al cuadrado para que su suma no sea cero y, de este modo, se penalizan las desviaciones más alejadas de la media. Así, el cuadrado de una unidad de desviación sigue siendo uno, el de dos desviaciones es cuatro, el de tres, nueve; el de 10, 100 y así sucesivamente va aumentando en progresión geométrica a medida que las desviaciones se hacen mayores.

En la distribución de la edad en la familia de ejemplo, tanto el padre como el hijo menor se desvían 225 años cuadrados de la media y la madre y el hijo mayor 196 cada uno de ellos. En consecuencia, el promedio de años cuadrados que se desvían estos cuatro sujetos de la media de 20 es de 210.5. Esta operación se formula del siguiente modo:

$$s^2 = \frac{\sum_{i=1}^{I} (x_i - \bar{x})^2 f_i}{n} \qquad (16)$$

e) La desviación típica es la raíz cuadrada de la varianza. Se utiliza para devolver el valor de la varianza a sus unidades originales. Como acaba de verse, la varianza de 210.5 está referida en años cuadrados. Para poder hablar en términos de años, hay que hallar la raíz cuadrada de este valor, resultando ser de 14.51 años[7]. Su cálculo se obtiene mediante la expresión:

$$s^2 = \sqrt{\frac{\sum_{i=1}^{I} (x_i - \bar{x})^2 f_i}{n}} \qquad (17)$$

f) El coeficiente de variación es una medida de dispersión relativa. Es el cociente entre la desviación típica y el valor absoluto de su correspondiente media aritmética. Al ser una razón o cociente, carece de unidades y, en consecuencia, se utiliza para comparar la dispersión entre variables que tengan distintas unidades de medida. Como la varianza y la desviación típica son siempre positivas, este coeficiente tampoco tiene sentido que sea negativo, aunque la media posea valores negativos. Por tanto su valor es 0, como el de las dos medidas precedentes, en el caso de que todos los valores de la variable sean idénticos y, salvo distribuciones muy dispersas, es inferior a 1.

$$CV = \frac{s}{|x|} \qquad (18)$$

g) Desde el punto de vista exploratorio, se utiliza otra medida de dispersión relativa basada en los cuartos. Se trata del coeficien-

[7] Nótese que la desviación típica es siempre mayor o igual que la desviación media habiendo tanta mayor diferencia entre ellas cuanto mayor sea la dispersión en la variable.

te de variación intercuartílico, que se obtiene mediante el cociente de la diferencia de cuartiles y su suma:

$$CVI = \frac{Q_3 - Q_1}{Q_3 + Q_1} \quad (19)$$

Este coeficiente tiene la ventaja de su mayor resistencia a la influencia de casos extremos. Es de gran utilidad para la comparación de la dispersión entre distintas distribuciones. A semejanza del coeficiente de variación, este estadístico es el cociente entre una dispersión (el rango intercuartílico) y un promedio, el de cuartiles. Una modalidad algo distinta, pero con resultados muy similares, es aquella que usa los cuartos en lugar de los cuartiles.

Medidas de simetría

Existen otras medidas cuyo propósito es expresar a través de un número la forma de la distribución. Estas se clasifican, a su vez, en dos tipos, las de simetría (que atienden a la forma horizontal de la distribución: si la izquierda de la distribución es semejante a su derecha) y las de apuntamiento (que expresan la distribución vertical de los valores: si las frecuencias de los valores centrales son mayores que las de los valores extremos).

Para variables continuas, existe un patrón o modelo de distribución de la estadística llamado distribución normal que se caracteriza por: a) tener idéntica la media, la moda y la mediana, b) ser simétrica, es decir, la distribución de los valores por debajo de la media es refleja de la distribución de los valores por encima de la media idéntica y c) poseer un alto número de casos en los valores centrales e ir descendiendo esta frecuencia a medida que los valores se van alejando del centro de la distribución, esto es, de la mediana.

Las dos primeras propiedades están muy ligadas entre sí, pues en toda distribución simétrica unimodal, tienen los mismos valores los tres estadísticos de tendencia central. Además, se sabe que la relación entre ellos tiende a ser empíricamente la siguiente:

$$3(\bar{x} - Med) \approx \bar{x} - Mo \quad (20)$$

De este modo, se sigue que utilizando cualquiera de los dos términos de la ecuación (20), se obtiene una medida de la simetría de la distribución de tal suerte que un valor de 0 indica la presencia de una distribución simétrica, un valor positivo indica una asimetría en la que la media se encuentra por encima (a la derecha) de la posición central y un valor negativo evidencia una posición de la media por debajo (a la izquierda) de la moda y la mediana.

Véase ello con ejemplos de tres distribuciones muy simples de cinco casos, en los que los tres centrales son igual a cinco:

a) {4, 5, 5, 5, 6}. Med=5; Mo=5; $\bar{x}$=5; ($\bar{x}$ - Mo=0).
b) {3, 5, 5, 5, 6}. Med=5; Mo=5; $\bar{x}$=4.8; ($\bar{x}$ - Mo=-0.2).
c) {4, 5, 5, 5, 7}. Med=5; Mo=5; $\bar{x}$=5.2; ($\bar{x}$ - Mo= 0.2).

La distribución a) es simétrica: por debajo de los cincos hay un valor que se desvía un punto negativo, mientras que por encima de ellos hay también un único valor que se desvía un punto positivo. La distribución b), sin embargo, pesa más a la izquierda, pues el valor 3 se aleja un punto más de la media que el valor 6. Y en la distribución c) ocurre lo contrario, el valor 7 está más alejado del centro que el valor 4.

Sin embargo, para poder comparar la simetría entre distribuciones con distintas unidades de medida, se utiliza la desviación típica. De este modo la fórmula quedaría en cualquiera de las dos siguientes modalidades:

$$As = \frac{\bar{x}-Mo}{s} \simeq \frac{3(\bar{x}-Med)}{s} \qquad (21)$$

También es posible obtener un índice de simetria mediante el momento de orden 3 con respecto a la media, esto es, el promedio de las desviaciones cúbicas de los valores y su media:

$$m_{\bar{x}}^{3} = \frac{\sum_{i=1}^{I}(x_i-\bar{x})^3 f_i}{n} \qquad (22)$$

La fórmula del momento es de tal naturaleza que si hay predominio de valores por debajo (a la izquierda) de la media (x_i-$\bar{x}$), sale negativo y si hay predominio de valores por encima, resulta positivo. También para obtener un coeficiente de simetría con el que poder hacer comparaciones entre variables se divide este momento de orden 3, cuyas unidades son cúbicas, por la desviación típica al cubo:

$$As = \frac{m_x^3}{s^3} \qquad (23)$$

Desde la óptica del análisis exploratorio, ambos coeficientes de asimetría son poco resistentes a los valores extremos, por ello se prefiere utilizar otros coeficientes que eviten la influencia de esos valores.

El que en mayor medida evita la influencia de los casos extremos es el índice de Yule pues sólo tiene en cuenta los valores de los cuartos. Se basa en el hecho de que en una distribución simétrica el centro de los cuartos es igual a la mediana, mientras que si es mayor es porque ambos cuartos se desplazan hacia la derecha de la distribución y si es menor es porque se han desplazado hacia la izquierda.

$$H_1 = \frac{F_i + F_s - 2Med}{2Med} \qquad (24)$$

En la distribución de los cuatro casos de la familia el valor de H_1 es cero, pues es una distribución simétrica; en cambio, la distribución de la edad en la muestra de 1200 casos es asimétrica hacia la derecha pues hay mayor frecuencia en las edades bajas que en las edades altas (H_1=0.03). Sin embargo, como el cálculo se centra entre las edades de 29 y 62 años (valores de los cuartos), el valor del coeficiente arroja una distribución casi simétrica.

Por ello, Kelley propone otro en el que se trabaje con los deciles primero y noveno, restando a la mediana su promedio:

$$H_2 = Med - \frac{D_1 + D_9}{2} \qquad (25)$$

Su principio es el mismo que el H_1: a medida que los valores del decil superior son mayores, la simetría se deriva hacia la derecha y a la inversa con los deciles inferiores. Sin embargo, arroja valor negativo para distribuciones asimétrica a la derecha y positivo para las escoradas a la izquierda. Para equipararse con H_1, conviene utilizar otro coeficiente con relación lineal con H_2, el H_3:

$$H_3 = \frac{D_1+D_9-2Med}{2Med} = -\frac{H_2}{Med} \qquad (26)$$

El valor que adopta en la distribución de 1200 casos es de 0.06 pues los deciles primero y novena se encuentran en los valores 22 y 71.

Medidas de apuntamiento

La otra medida sobre la forma de la distribución es el apuntamiento, que indica cuán centradas o dispersas están las frecuencias de los valores en relación con el punto medio de la distribución. Si las frecuencias están concentradas en el centro, entonces la distribución se llamará leptocúrtica, si las frecuencias mayores se ubican en los extremos de la distribución, la distribución será platicúrtica y, en el caso intermedio, sería una distribución mesocúrtica. Para verlo más claramente, véanse estas cinco distribuciones:

a) {1, 1, 5, 9, 9} .$\bar{x}$=5; s=0.9; K=-3.
b) {4, 4, 5, 6, 6} .$\bar{x}$=5; s=3.6; K=-3.
c) {2, 4, 5, 6, 8} .$\bar{x}$=5; s=2.0; K=0.2.
d) {2, 5, 5, 5, 8} .$\bar{x}$=5; s=1.9; K=2.0.

Así se ve que la distribución a y b, aun con desviaciones típicas distintas, poseen la misma curtosis pues en ambas hay mayor frecuencia en los valores extremos que en el central. La curtosis negativa indica una distribución platicúrtica. La distribución c) en cambio es casi mesocúrtica (K=0.2) porque tiene extendidas sus frecuencias de modo que hay un número medio en el centro (del 4 al 6) y un número inferior en los extremos; por último, la distribución d) es leptocúrtica (positiva) porque la frecuencia de los valores de la distribución están concentrada en el centro (tres valores en la media, frente a uno en los extremos).

Para calcular la curtosis se utiliza el momento de orden 4 con respecto a la media dividido, para que quede desprovisto de unidades, por la desviación típica a la cuarta. Además a este cociente se le resta tres unidades para que este estadístico arroje un valor de cero en el caso de que se trate de una distribución normal.

$$K = \frac{m_x^4}{s^4} - 3 = \frac{\dfrac{\sum_{i=1}^{I} (x_i - \bar{x})^4 f_i}{n}}{s^4} - 3 \qquad (27)$$

También es preferible desde la óptica del análisis exploratorio utilizar otro índice para expresar el apuntamiento de una distribución. Para ello se compara la dispersión existente en el 90% de los casos centrales, con la existente en el 50%. Un mayor rango interdecílico, en relación con la amplitud intercuartos, indica una menor presencia de casos extremos, por lo que la distribución con un relativamente amplio recorrido interdecílico será leptocúrtica. En el caso de las distribuciones normales la razón entre ambos rangos es de 1.9. En consecuencia en la expresión:

$$K_2 = \frac{D_9 - D_1}{1.9(F_s - F_i)} \qquad (28)$$

proporciona valor 1 en el caso de distribuciones mesocúrticas, un valor superior a la unidad en las distribuciones leptocúrticas e inferior en el de las platicúrticas. En el caso de la edad en la muestra representativa de la población española, el valor de K_2 es igual a 0.78.

Los estimadores robustos centrales

En la introducción de este libro se dijo que la resistencia era una de las cualidades más importante en el trabajo exploratorio con los datos. Se definió como la insensibilidad de un estadístico ante el cambio de un parte pequeña del conjunto de datos.

En las medidas de tendencia central se vieron tres: la moda, la mediana y la media aritmética. La moda no es un estimador resistente, pues un solo caso podría cambiarla desde el valor mínimo hasta máximo. En una muestra con tres casos {1, 1, 5}, basta con cambiar uno de los unos por un cinco para que la moda pase desde el menor valor hasta el mayor de la distribución. En el caso de la media, un cambio en el valor de un caso también altera sustancialmente el promedio. En la distribución anterior, si el 5 fuera 2997, el promedio, pasaría a ser de 1000. La mediana, en cambio, es más resistente a los cambios en subconjuntos pequeños de datos. Aunque con tres casos sea similar a la moda, a medida que se aumenta n, las ventajas de la mediana en resistencia son claras pues siempre que no haya un cambio de datos de un lado de la distribución al otro, la mediana no queda modificada.

La media recortada, estimador más resistente que la media aritmética, consiste en el promedio de los (1-2α) valores centrales de una distribución. Así, en una distribución con ocho casos la media recortada del 25%, implica el promedio de los cuatro casos centrales, descartando los valores mínimo y máximo de la variable.

Una variable recortada puede ser considerada como una media ponderada. En general, se llama media ponderada porque en su cálculo se da distinto peso (w_i) a los valores de la distribución. En cualquier situación, se obtiene la media ponderada mediante la siguiente fórmula:

$$\bar{x} = \frac{\sum_{i=1}^{n} x_i w_i}{\sum_{i=1}^{n} w_i} \qquad (29)$$

La media recortada, considerando que se cuentan los valores centrales (teniendo como peso la unidad) y se descartan los extremos (peso nulo),

$$w_i = \begin{cases} 0 & \text{si } i<=\alpha n \text{ o } i>n+1-\alpha n \\ 1 & \text{si } i>=\alpha n \text{ y } i<n+1-\alpha n \end{cases} \qquad (30)$$

puede ser vista como un caso especial de media ponderada, en la que los casos centrales tienen una ponderación igual a la unidad y los casos extremos una ponderación igual a 0.

Por robustez se entiende en estadística la calidad de un estimador en tanto y cuanto no se altera su eficiencia por cambios en las características de los datos. Lo que caracteriza a un estimador robusto es su insensibilidad a desviaciones de los datos de los modelos probabilísticos.

Los estimadores M son una familia de medidas de tendencia central que se caracteriza por minimizar las funciones de desviación de las observaciones de la estimación. La media y la mediana pertenecen a esta clase de estimadores pues cumplen con las siguientes condiciones de minimización:

La función objetivo de la media aritmética es

$$\rho(x_i;\bar{x})=(x_i-\bar{x})^2 \quad (31)$$

Con ello, se quiere decir que el promedio $\bar{x}$ es aquel que minimiza las desviaciones cuadráticas de los valores en relación con el propio promedio. La fórmula de la media se obtiene precisamente diferenciando esta función objetivo y buscando el valor que soluciona la igualdad de la derivada y cero.

La mediana, por su parte, también es un estimador de la clase M; pero en su caso la función objetivo es

$$\rho(x_i;Med) = |x_i-Med| \quad (32)$$

Mediante otras funciones objetivo, que dan lugar a ponderaciones de las puntuaciones de los objetos distintas según lo alejado o no que se encuentren de un determinado promedio, se hallan estimadores más robustos que la mediana.

Además de la media y la mediana, los estimadores M más conocidos son los de Huber, Tukey, Andrews y Hampel.

Los pesos respectivos que hay que otorgar a los valores en cada uno de estos estimadores son los siguientes:

Tabla 8. Ponderaciones de los casos para el cálculo de los estimadores M

Estimador	*Condición*	w_i
Huber (k)	$\lvert u\rvert \le k$ $\lvert u\rvert > k$	1 $k\ sgn(u)/u$
Hampel (a, b, c)	$\lvert u\rvert > a$ $a < \lvert u\rvert \le b$ $b < \lvert u\rvert \le c$ $\lvert u\rvert > c$	1 a sgn(u)/u $a\frac{c-\lvert u\rvert}{c-b}\frac{sgn(u)}{u}$ 0
Andrews (c)	$\lvert u\rvert \le 1$ $\lvert u\rvert > 1$	$sen(\pi u)/\pi u$ 0
Tukey (c)	$\lvert u\rvert \le 1$ $\lvert u\rvert > 1$	$(1-u^2)^2$ 0

El cálculo de estos estimadores se realiza mediante un procedimiento iterativo. Se parte de un valor inicial de u_i equivalente a la siguiente expresión:

$$u_i = \frac{x_i - x^*}{cMeDA} \qquad (33)$$

donde x^* es una primera estimación del promedio, la media aritmética, por ejemplo.

A continuación se calcula un nuevo x^* utilizando los pesos (w_i) que se han calculado con los u_i iniciales.

Con el nuevo x^*, se vuelve a estimar las u_i según la fórmula (33) y con ellas se vuelve a calcular otra x^*, hasta que converja con la anterior.

En la práctica, en el análisis exploratorio la mejor medida de centralidad es la mediana por cuanto su fácil cálculo y su alta resistencia proporciona suficientes garantías de exactitud. No obstante, si se precisa mayor acierto en la estimación y la distribución de la población es desconocida, debe elegirse cualquiera de los estimadores robustos acabados de explicar. Finalmente, la media aritmética, excepto en distribuciones con número considerable de casos extremos, debería usarse con especial cuidado y sólo cuando lo requieran los análisis posteriores como el análisis de varianza o la regresión lineal.

Obtención de las distribuciones y sus medidas

Para la construcción con SPSS de tablas de distribuciones de frecuencias hay dos posibles instrucciones: la más simple y directa con la instrucción *Estadísticas/Resumir/ Frecuencias.* Para obtener la tabla basta con pasar a la derecha las variables cuya distribución se desee y dejar marcado el cuadro con el texto *Mostrar tablas de frecuencias.* Los estadísticos que se pueden obtener son los mostrados en el cuadro de diálogo ubicado en la derecha de la figura.

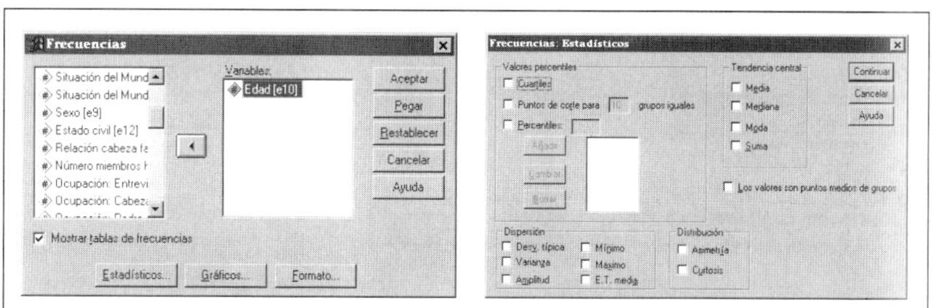

Figura 2. Cuadro de diálogo principal y de estadísticos de la instrucción *Frecuencias.*

El otro método de obtención de frecuencias es mediante la instrucción *Estadísticas/Tablas personalizadas/Tablas de frecuencias.* Si se opta por esta modalidad, aumentan las posibilidades de dar un formato distinto al resultado. En el cuadro de diálogo principal de esta modalidad se ha de ubicar al menos una variable en la casilla *Frecuencia para* y pueden alterarse los *estadísticos*, el *diseño*, el *formato* y los *títulos.* Lo más sustancial en el cambio serían los estadísticos, donde se puede elegir si mostrar las frecuencias ponderadas, sin ponderar y los porcentajes, además de especificar el número de decimales deseados y la presencia de totales.

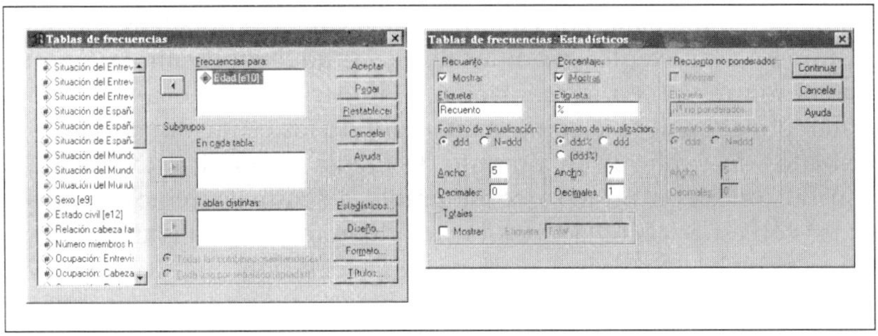

Figura 3. Cuadro de diálogo principl y de estadísticos de la instrucción *Tablas.*

Hay otras dos instrucciones para la obtención de medidas de distribución: la una más en la línea de la estadística clásica (*Estadística/Resumir/Descriptivos*) con la que, además de permitir la tipificación de las variables (véase capítulo 3), se pueden obtener los estadísticos mostrados en el cuadro de diálogo:

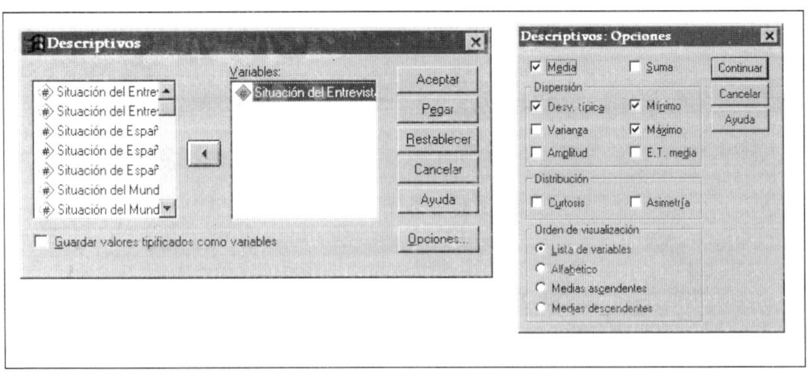

Figura 4. Cuadro de diálogo principal y de estadísticos de la instrucción *Descriptivos.*

La otra instrucción está más vinculada con el análisis exploratorio (*Estadística/Resumir/Explorar*). Mediante el cuadro de diálogo de los estadísticos es posible solicitar los estadísticos descriptivos clásicos con su correspondiente intervalo de confianza, los estimadores M con sus correspondientes valores por omisión[8] (Huber, 1.339; Tukey, 4.685; Hampel, 1.7, 3.4, 8.5 y Andrews, 1.34π), los valores atípicos (los cinco[9] con valores más extremos) y los percentiles (5, 10, 25, 50, 75, 90 y 95) acompañados por las bisagras de Tukey (Véanse figura 5 y tabla 9).

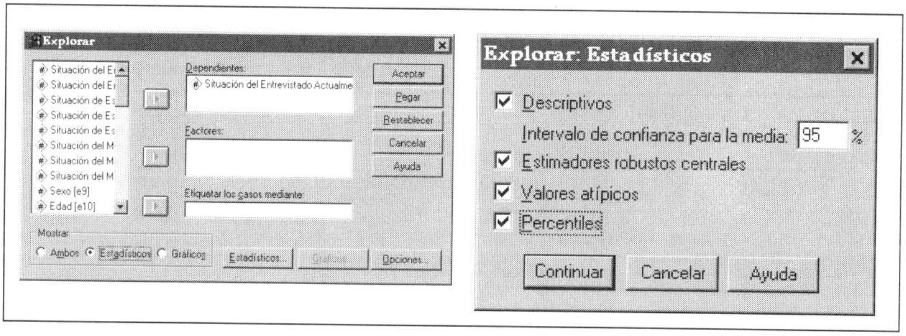

Figura 5. Cuadro de diálogo principal y de estadísticos de la instrucción *Explorar.*

Tabla 9. Resultado de los programas *Tablas y Examinar* con la variable situación del entrevistado en el futuro

	Situación del entrevistado en el futuro	
	Recuento	%
0	15	1.6%
1	9	1.0%
2	15	1.6%
3	25	2.7%
4	59	6.3%
5	196	20.9%
6	176	18.8%
7	179	19.1%
8	130	13.9%
9	69	7.4%
10	63	6.7%
Total	936	100.0%

[8] Estos pueden ser cambiados dando la orden mediante sintaxis en lugar de hacerlo por menú. Para más detalles consulte en el manual el comando *Examine.*

[9] Este parámetro también puede ser cambiado introduciendo la instrucción mediante sintaxis.

Resumen del procesamiento de los casos						
	Casos					
	Válidos		Perdidos		Total	
	N	Porcentaje	N	Porcentaje	N	Porcentaje
Situación del entrevistado en el futuro	936	78.0%	264	22.0%	1200	100.0%

Descriptivos				
			Estadístico	Error típ.
Situación del entrevistado en el futuro	Media		6.34	6.66E-02
	Intervalo de confianza para la media al 95%	Límite inferior	6.20	
		Límite superior	6.47	
	Media ecortada al 5%		6.41	
	Mediana		6.00	
	Varianza		4.155	
	Desv. típ.		2.04	
	Mínimo		0	
	Máximo		10	
	Rango		10	
	Amplitud intercuartil		3.00	
	Asimetría		-.443	.080
	Curtosis		.614	.160

Estimadores-M				
	Estimador-M de Huber[a]	Biponderado de Tukey[b]	Estimador-M de Hampel[c]	Onda de Andrews[d]
Situacion del entrevistado en el futuro	6.30	6.36	6.41	6.36

[a] La constante de ponderación es 1.339.
[b] La constante de ponderación es 4.685.
[c] Las constantes de ponderación son 1.700, 3.400 y 8.500.
[d] La constante de ponderación es 1.340*pi.

Valores extremos

			Número del caso	Valor
Situación del entrevistado en el futuro	Mayores	1	995	10
		2	1101	10
		3	586	10
		4	41	10
		5	564	.[a]
	Menores	1	114	0
		2	790	0
		3	83	0
		4	513	0
		5	380	.[b]

[a] En la tabla de valores extremos mayores sólo se muestra una lista parcial de los casos con el valor 10.

[b] En la tabla de valores extremos menores sólo se muestra una lista parcial de los casos con el valor 0.

REPRESENTACIÓN DE VARIABLES: GRÁFICOS

Los conceptos estadísticos vistos en la sección anterior pueden ser convertidos y traducidos en gráficos. El dicho de que un gráfico vale más que mil palabras se aplica en este contexto diciendo que vale más que mil números. Tanto las distribuciones como las medidas que dan cuenta de sus características pueden expresarse a través de una representación que permita sacar más rápidamente conclusiones y, en consecuencia, también hacer más accesibles al público el significado de los datos obtenidos. Del mismo modo que los datos sufren un proceso de elaboración matemática a fin de entenderlos mejor y más rápidamente, el propósito de las representaciones gráficas de este apartado es la de exponer las distribuciones para que se puedan extraer conclusiones sobre su contenido y forma. Incluso, se podría decir que el mejor método para descubrir la estructura de los datos es a través de su representación gráfica, pues los refleja de forma sencilla, visible y rápida. Del mismo modo que, aunque se pueda formar una idea de cómo están situadas un conjunto de ciudades mirando sus distancias kilométricas, el mejor método para saber exactamente dónde están es mediante un mapa o representación gráfica.

Los gráficos que se van a presentar en este capítulo son aquellos que sirven para representar la distribución de una variable. Se trata de ver de qué forma los conceptos vistos anteriormente pueden ser mostrados gráficamente. Para mayor claridad, se divide esta exposición en dos secciones: una en la que se presentan los gráficos para variables discretas (nominales, ordinales y cuantitativas con pocos valores) y otra en la que se contemplan las diversas representaciones adecuadas para las variables continuas (variables cuantitativas con muchos valores).

Sin embargo, antes de presentar los distintos tipos de gráficos conviene recordar los elementos comunes que deben aparecer en un gráfico:

a) El título: aunque la mera vista de un buen gráfico no necesite de más explicaciones, siempre es recomendable un buen título para su representación. En primer lugar, porque de esa manera, el que expone el gráfico comunica al lector qué es lo que desea representar y, en segundo lugar, porque en las buenas publicaciones siempre ha de haber un índice de gráficos y la mejor manera de referenciarlo es mediante su título.

b) El subtítulo: generalmente es una segunda línea añadida al titulo en un tamaño de letra menor, que complementa la información proporcionada por el título.

c) La leyenda ayuda a descifrar los símbolos del gráfico y consiste en un rectángulo donde se detalla brevemente lo que significa cada uno de los símbolos explicados en el párrafo anterior.

d) Etiquetas: son textos aclaratorios que acompañan a aspectos esenciales del gráfico. Pueden ser textuales y, de este modo, identifica al objeto que se marca. O bien, son numéricas en cuyo caso aclaran el valor que está representando un elemento gráfico.

e) Nota a pie: es una anotación voluntaria en el gráfico que se realiza para precisar o resaltar alguna de las características peculiares de los datos.

f) Símbolos del gráfico: son las formas, los colores y las tramas. Las primeras modulan aspectos propios de cada gráfico como pueden ser las barras, los puntos, las líneas, etc.; los segundos también marcan diferencias en los elementos gráficos y pueden funcionar de modo alternativo o complementario con las tramas, o modo de expresión de superficies (barras verticales, horizontales, lunares, líneas onduladas, ...).

g) Ejes: son escalas en las que se ubican las variables representadas. En un gráfico es común tener dos o tres ejes; aunque también los hay con uno o ninguno.

h) Serie: cada una de las variables que son representadas en el gráfico.

i) Marcos: son líneas que envuelven el conjunto o determinados aspectos del gráfico con el propósito de remarcarlos.

j) Finalmente, en todo gráfico pueden añadirse imágenes, textos o elementos geométricos que complementen la imagen formada por los elementos acabados de reseñar.

GRÁFICOS PARA VARIABLES DISCRETAS

Ya han quedado definidas las variables discretas como aquellas que poseen un conjunto finito de valores, entre dos cualesquiera de ellos no siempre es posible encontrar un tercero. Por tanto, son variables entre cuyos valores no existe continuidad, sino que hay un espacio o terreno que no pertenece a ninguna de las modalidades.

Los dos gráficos más apropiados para la representación de este tipo de variables son el gráfico de sectores y los diagramas de barras.

El primero consiste en un círculo segmentado en sectores de tamaño proporcional a la frecuencia (absoluta o relativa, pues en ambos casos daría el mismo resultado) de cada uno de los valores de la variable.

Para obtener el tamaño de cada sector, basta con transformar las proporciones correspondientes a cada valor en número de grados del círculo. Como es sabido, un círculo, independientemente de su dimensión, siempre contiene 360 grados, por lo que para la construcción del gráfico de sectores hay que repartir esos grados de modo proporcional al peso que tienen los valores de la variable. Si llamamos g_i, al tamaño en grados de cada sector, entonces

$$\begin{gathered} g_i=360p_i \\ \sum_{i=1}^{I} g_i = 360 \end{gathered} \qquad (34)$$

Los gráficos de sectores han de emplearse cuando se tienen variables discretas cuyos valores, preferiblemente pocos –no más de siete– sean mutuamente excluyentes. La razón de que se pidan pocos valores es porque de otro modo no se concentraría la atención en ninguna de las categorías. Además son tanto más elegantes y presentables, cuanto menos categorías presenten. El que no deba emplearse con categorías que no sean mutuamente excluyentes se debe a que al estar cerrados y limitados los distintos valores representados en sectores circulares, provocan la sensación de que son partes independientes las una de las otras que complementan y conforman el todo del circulo, que representa a la muestra o la población. En consecuencia, este gráfico debe emplearse cuando se dispone de un conjunto escaso de categorías que conforman un todo para comparar relativamente su magnitud.

Supóngase que se clasifican los 44 países europeos existentes en 1999 en cinco zonas geo-políticas conforme a la tabla 4.

Tabla 10. Clasificación geográfica de los 44 países europeos (1999)

Países europeos				
Anglosajones	Centro-europeos	Sur de Europa	Este de Europa	Nórdicos
Irlanda Reino Unido	Alemania Andorra Austria Bélgica Francia Luxemburgo Mónaco Países Bajos República Checa Suiza	Chipre España Grecia Italia Malta Portugal Turquía	Albania Armenia Bielorrusia Bosnia-Herzegovina Bulgaria Croacia Eslovaquia Eslovenia Estonia Georgia Hungría Letonia Lituania Macedonia Moldavia Polonia Rumania Rusia Ucrania Yugoslavia	Dinamarca Finlandia Islandia Noruega Suecia

A pesar de la peculiar disposición de los datos en la tabla precedente, es evidente que en ella está reflejada una variable nominal (*región geopolítica*) con 44 casos y cinco valores mutuamente excluyentes. El primer valor corresponde a los países anglosajones y tiene una frecuencia de dos, el segundo valor responde a diez países del centro europeo y así sucesivamente. Con el número de países que hay en cada una de las zonas se forma un sector en el círculo, como se refleja en la figura 6.

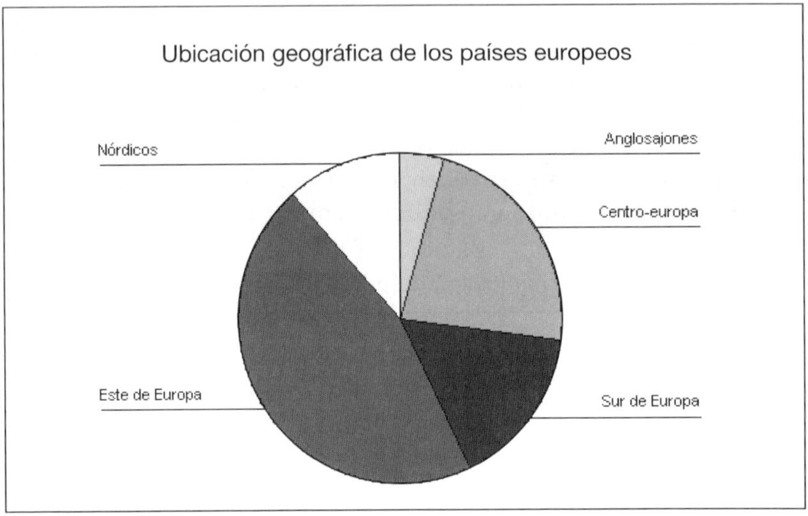

Figura 6. Gráfico de sectores.

Para obtener este gráfico con el programa SPSS a partir de los datos brutos de una matriz se utilizan las siguientes instrucciones: *Gráficos/Sectores/Resúmenes para grupos de casos.* Tras ello, aparece el siguiente cuadro de diálogo:

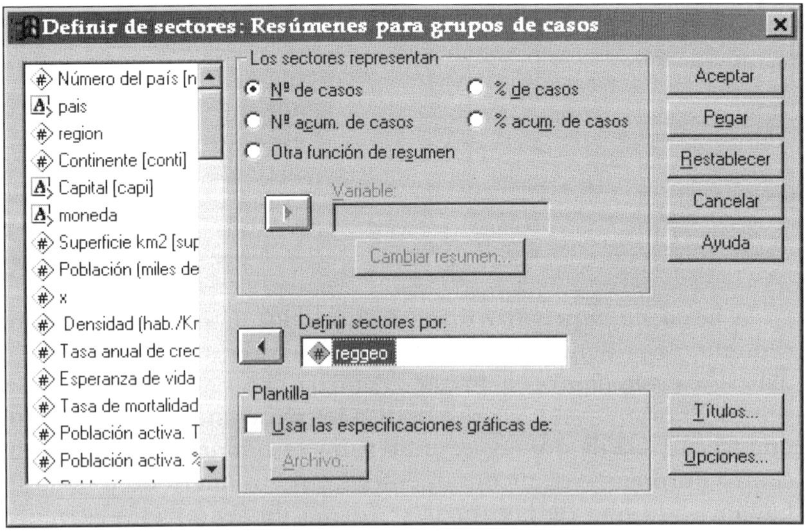

Figura 7. Cuadro de diálogo para los gráficos de sectores.

Este cuadro de diálogo está compuesto por cinco partes. La primera (izquierda) contiene una ventana con todas las variables del fichero de datos. La segunda (centro superior) permite especificar qué quiere que se represente en los sectores del gráfico. Contiene cuatro botones alternativos que indican si se desea en el gráfico frecuencias absolutas o relativas, simples o acumuladas, y una ventana por si se quiere un gráfico de barras con una cantidad distinta de la frecuencia. En la tercera zona (medio) existe una ventana, denominada *Definir sectores por*, donde se ubica la variable que se ha de representar. La cuarta (centro inferior) permite dar al gráfico un formato distinto del típico del programa. Y en el quinto sector del menú aparecen una serie de botones, que van desde el *Aceptar* hasta el de *Opciones*, donde puede configurarse si el gráfico incluirá o no una categoría con los datos perdidos.

En cambio, si se dispone de los datos ya resumidos, el modo de plantear las instrucciones es algo distinto del acabado de explicar. Supóngase que se dispone de una matriz de datos del siguiente modo:

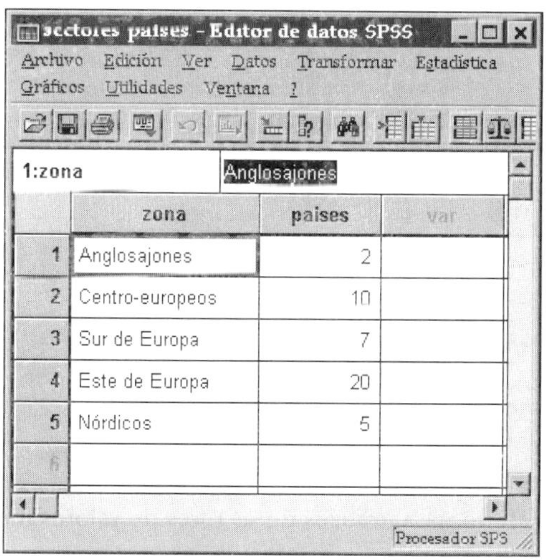

Figura 8. Matriz de datos agrupados.

En cuyo caso, las instrucciones que han de utilizarse son: *Gráficos/Sectores/Valores individuales de los casos*, tras lo que aparece el menú presente en la figura 9. En su parte central aparecen dos nuevos recipientes de información. El primero se indica bajo la denominación *Los sectores representan*, donde hay que trasladar la variable (países) que indica las frecuencias de los valores que han de ser representadas. Téngase en cuenta que según este modo de construcción del gráfico, el número de casos –la cantidad de filas de la matriz de datos– no es sino el número de valores de la variable (zona) que se desea representar. El segundo aparece denominado como *Etiquetas de los sectores.* Este bloque permite dos opciones: una que la etiqueta del sector sea meramente el número del caso y otra, la más frecuente, la utilización de los valores –o sus etiquetas– de una variable. En este ejemplo, dado que se tiene una variable alfanumérica (zona) cuyos valores son textuales, basta con incluirla en la caja de la variable, después de trasladar la selección desde el *Número del caso* hasta el botón correspondiente a *Variable.*

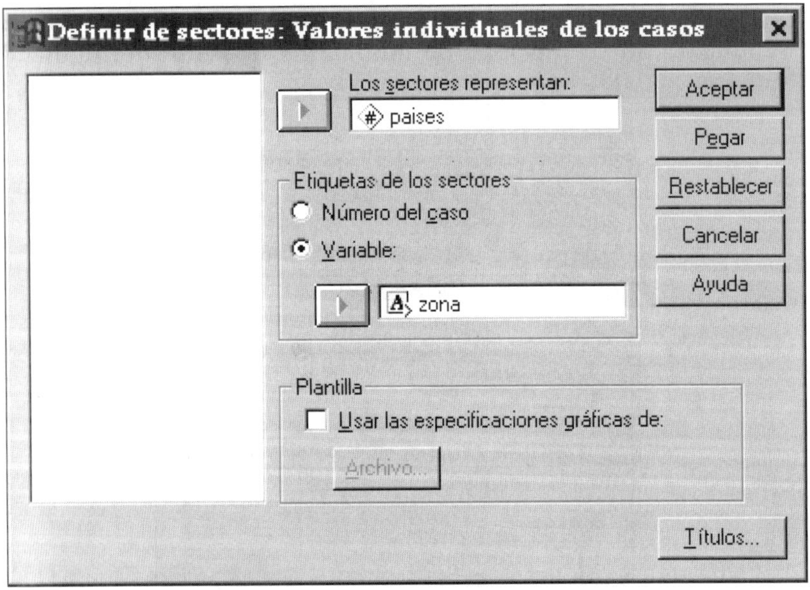

Figura 9. Menú para gráficos de sectores de valores individuales.

Los gráficos de sectores para una sola variable poseen pocas modalidades de cambio. Además de los colores y tramas de los segmentos del círculo, se puede especificar las etiquetas de los valores sea tanto dentro de los sectores, como fuera de ellos o incluso en el cuadro de la leyenda. Y, desde el punto de vista de la forma, existen dos modalidades distintas: una que implica separar del sector uno –o varios– de los sectores dibujados con el fin de resaltarlos y otra la de dar al círculo un aspecto tridimensional.

Para hacer cambios al gráfico, hay que editarlo después de producido. Para poder realizar las modificaciones, se hace doble clic al gráfico marcado en el visor de resultados, tras lo cual aparece una pantalla como la de la figura 10, que, de hecho, introduce el gráfico en un subprograma con diferentes menús del principal. Las características cambiables en esta fase del gráfico son: la trama (*Formato/Trama de relleno*), el color (*Formato/Color*) y la posición (*Formato/Desgajar sector*) de los sectores; el contenido, las fuentes y el tamaño de los textos (títulos, etiquetas y pie) mediante las instrucciones *Diseño/Título, Diseño/Nota a pie de página, Diseño/Opciones y Formato/texto*; los marcos adicionales del gráfico (*Diseño/Marco exterior*); las categorías de la variable que se quieren mostrar (*Series/Visualizadas*), y, finalmente, se puede cambiar el tipo de gráfico mediante el menú *Galería*. En la mayor parte de los casos, para poder realizar los cambios, es preciso previamente señalar el elemento que se desea modificar. Así en la figu-

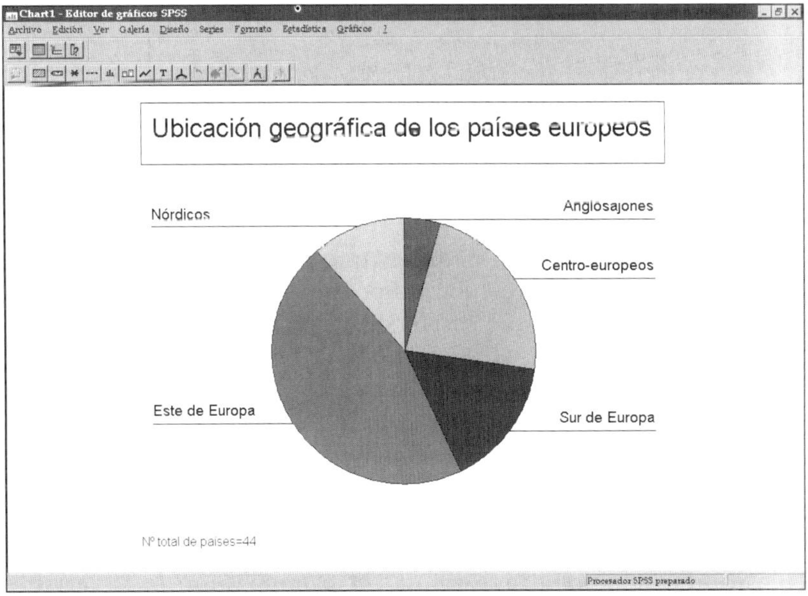

Figura 10. Pantalla del editor de gráficos.

ra 10, lo que aparece marcado es el texto del título, de modo que si se cambia la fuente, sólo le afectaría a éste y no a otros textos del gráfico.

Otra posibilidad existente desde la versión 8.0 del SPSS es la de crear el gráfico de sectores con la opción interactiva. Tras ordenar mediante menú *Gráficos/Interactivos/Sectores*, aparece el siguiente cuadro de órdenes:

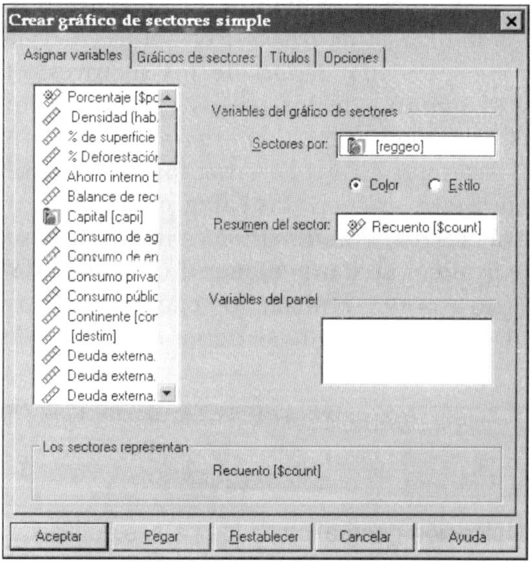

Figura 11. Cuadro de diálogo para los gráficos de sectores interactivos (*Variables*).

En este cuadro de diálogo, hay que especificar al menos cuál es el *Resumen del sector* (recuento o porcentaje) y la variable (nominal u ordinal) con la que se construye (*Sectores por*). Además en el cuadro aparecen otras subcarpetas (*Gráficos de sectores*, *Títulos* y *Opciones*). Entre ellas la más importante es la primera pues a través de ella se puede especificar qué etiquetas van a constar en el gráfico (las de *Categorías*, las del *Valor* o las que expresan el *Recuento* o el *Porcentaje* que representa cada sector). También se puede concretar si se desea que las categorías se dibujen en la dirección de las manecillas del reloj o a la inversa, así como el grado del círculo donde se comienza a dibujar el primer valor de la variable (figura 12).

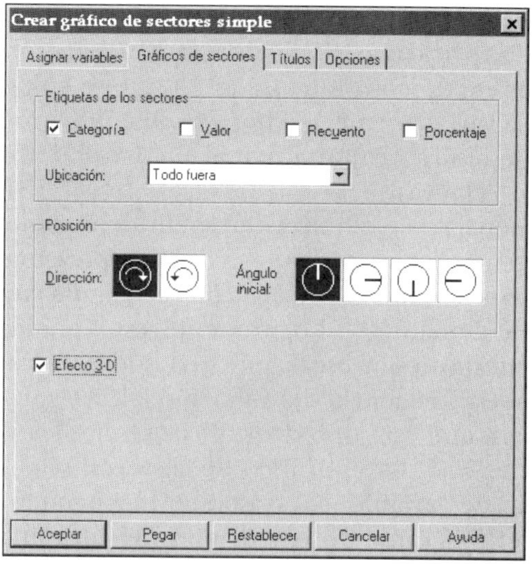

Figura 12. Cuadro de diálogo para los gráficos de sectores interactivos (*Sectores*).

De este modo, podrían obtenerse gráficos más transformados que los anteriores:

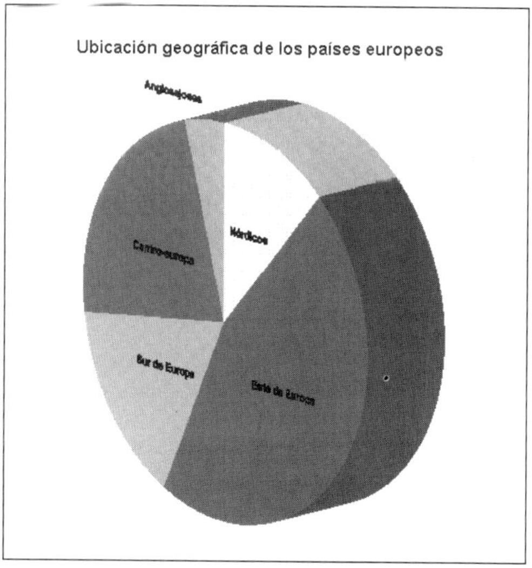

Figura 13. Gráfico de sectores en tres dimensiones.

El otro tipo de gráfico que se emplea para variables nominales, ordinales y cuantitativas discretas es el diagrama de barras. Consiste en un eje de coordenadas en el que se colocan los distintos valores de la variable en el eje horizontal con un rectángulo cada uno de ellos de altura proporcional a su correspondiente frecuencia (absoluta o relativa).

En consecuencia, el eje horizontal se divide en tantos fragmentos como valores tenga la variable que se desea representar gráficamente, levantando desde cada uno de ellos un rectángulo cuya base se diferencia de la(s) colindante(s). Lógicamente, estos gráficos tienen también un eje vertical con una escala que va desde el 0 –frecuencia nula– hasta, al menos, la frecuencia del valor modal.

Como quiera que este tipo de gráficos se emplea para el mismo tipo de variables que usa el gráfico de sectores, se puede poner el mismo ejemplo de variable. No obstante, hay pequeñas diferencias en uso, pues el diagrama de barras permite utilizar sin problema mayor número de valores y, además, no necesariamente requiere que las categorías sean mutuamente excluyentes.

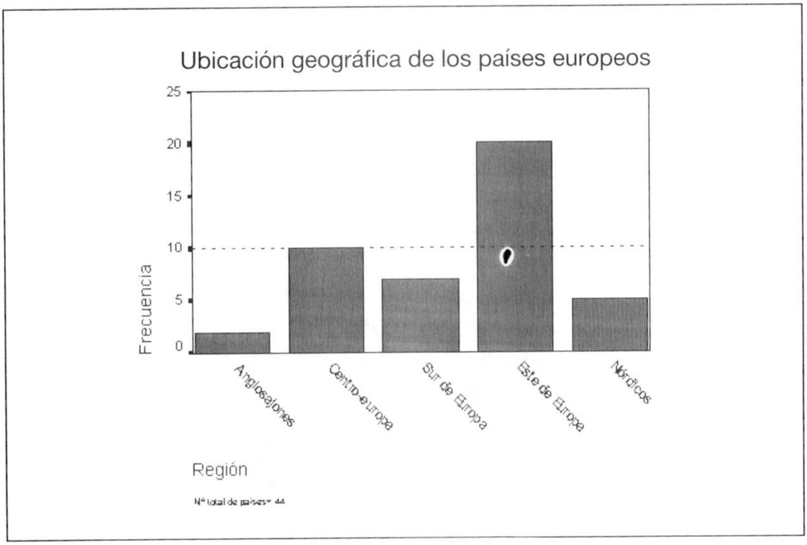

Figura 14. Diagrama de barras.

Para construir este gráfico, basta con la selección desde el menú de las siguientes órdenes: *Gráficos/Barras/Simple/Resúmenes para grupos de casos.* De esta manera, aparece un cuadro de diálogo similar al de la figura 7, debiéndose pasar la variable que se desea representar a la casilla indicada como *Eje de categorías*.

El diagrama de barras es más susceptible de modificación que el gráfico de sectores. Además de poder cambiar los colores y tramas de los rectángulos; el contenido, las fuentes y el tamaño de los textos, y las categorías de las variables, el subprograma que edita el gráfico permite:

a) Cambiar la orientación del gráfico de modo que las categorías estén representadas en el eje vertical y sus frecuencias en el horizontal. (*Formato/Intercambiar ejes*).

b) Transformar las dimensiones de las barras. Esto se puede lograr tanto cambiando el margen que la separa de los ejes del gráfico, como aumentando o reduciendo la distancia entre ellas. (*Diseño/Espaciado de barras*).

c) Modificar aspectos relevantes de los ejes. (*Diseño/Ejes*). En este tipo de gráficos los ejes son de distinta naturaleza: en el de las categorías se exponen valores no numéricos y lo que realmente importa es la forma de disponer las etiquetas que deben figurar para reconocer los atributos de la variable que se intenta representar. En cambio, es más susceptible de cambio el eje donde figura las frecuencias (*Escala*). En éste (véase figura 15), se pueden modifi-

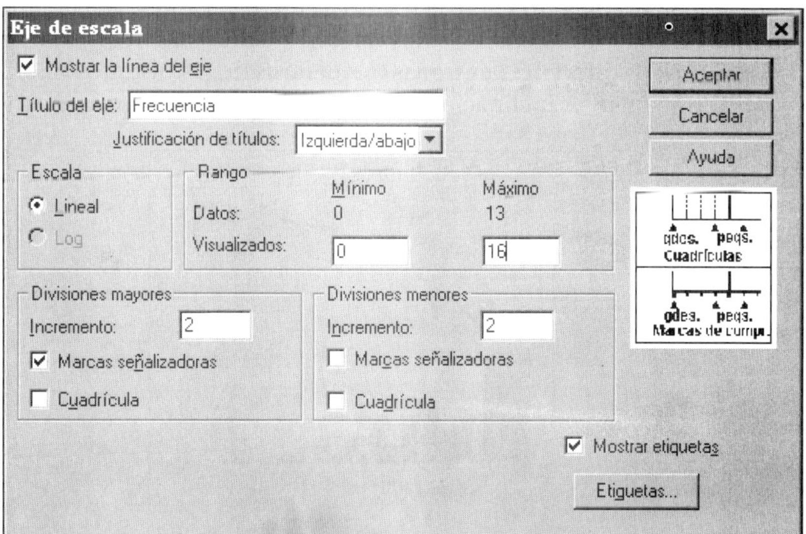

Figura 15. Cuadro de diálogo para el cambio de los ejes.

car el rango (*mínimo* y *máximo*) de la escala, el modo de la escala (*lineal* o *logarítmico*), la cuantía y forma de las divisiones y subdivisiones de la escala, y el valor de la escala desde donde se levantan las distintas barras (*Línea de origen de las barras*).

d) Dibujar líneas de referencia tanto entre las categorías (verticales) como en la escala (horizontales) con el objeto de mejorar las comparaciones o averiguar más fácilmente la frecuencia de una barra. (*Diseño/Línea de referencia*).

e) Modificar la apariencia de las barras. (*Formato/Estilo de Barras*) Hay en este programa tres estilos diferentes: *Simple*, *Sombreado* y *Efecto 3D*.

f) Insertar texto adicional vinculado a las barras, que puede ser la expresión numérica de sus frecuencias (*Formato/Estilo de formato de barras*) o texto libre a elección del productor del gráfico (*Diseño/Anotación*).

Existe una variante pequeña del diagrama de barras. Se trata del gráfico de Pareto. La primera diferencia con el diagrama de barras estriba en que se ordenan las categorías o valores de las variables según su frecuencia. Así la primera categoría del nuevo gráfico será la de los países del Este, que es la que contiene mayor número de casos. De esta forma, se da mayor importancia a las valores de la variable que son más frecuentes. La segunda diferencia es la de que se dibuja una linea adicional con la frecuencia relativa acumulada, que indica la concentración de las frecuencias en los valores. Cuanto más horizontal sea la recta, mayor diferencia entre las frecuencias de los distintos valores y, viceversa, a mayor inclinación mejor equilibrio entre las categorías.

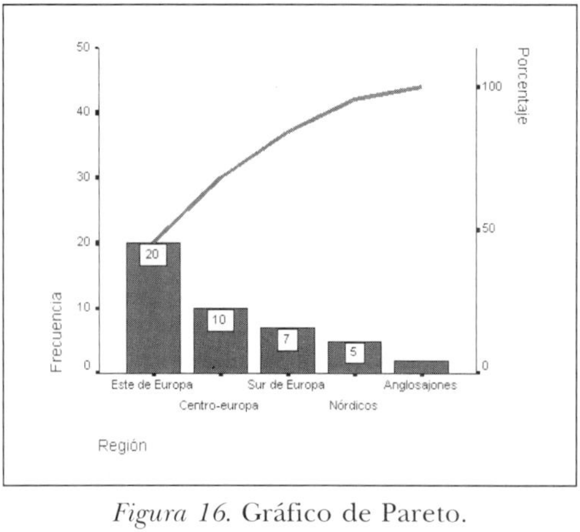

Figura 16. Gráfico de Pareto.

GRÁFICOS PARA VARIABLES CONTINUAS

El primer gráfico de variable continua que se presenta en esta sección es una extensión del diagrama de barras. Así como las barras suelen exponerse separadas, los histogramas dibujan los rectángulos unidos entre sí, indicando de este modo que existe continuidad en la escala de los valores de las variables. Un histograma es, por tanto, un gráfico de variable continua dividida en intervalos de los que se eleva un rectángulo con área proporcional a su frecuencia absoluta o relativa. Pero, como la mayor parte de las veces –y el programa SPSS no lo permite hacer de otra forma– los intervalos son de igual amplitud; en esos casos también podría decirse que la altura de los rectángulos es proporcional a la frecuencia a la que representan.

La construcción de un histograma se realiza con la instrucción *Gráficos/Histograma*, tras lo cual aparece un sencillo cuadro de diálogo, en el que sólo se puede indicar la variable cuyo gráfico se desea obtener, los títulos que se quieren poner, la plantilla que se desea utilizar y la inclusión en el gráfico de la curva normal.

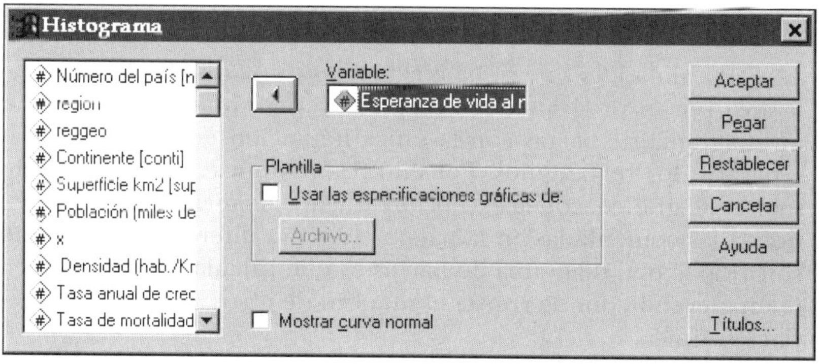

Figura 17. Cuadro de diálogo para histogramas.

Con tan pocos parámetros permitidos, la confección del gráfico es incontrolable pues automáticamente se calcula, a partir de los valores máximos y mínimos de las variables, el número y la amplitud de los intervalos. Esto queda patente en la figura donde se representa la esperanza de vida al nacer de 41 países europeos en ocho intervalos con un tamaño de un par de años. Así, en el primer intervalo quedan incluidas los valores 65 y 66, en el segundo los de 67 y 68 y, así sucesivamente hasta llegar al último intervalo donde se representan los países con esperanza de vida al nacer de 79 y 80 años.

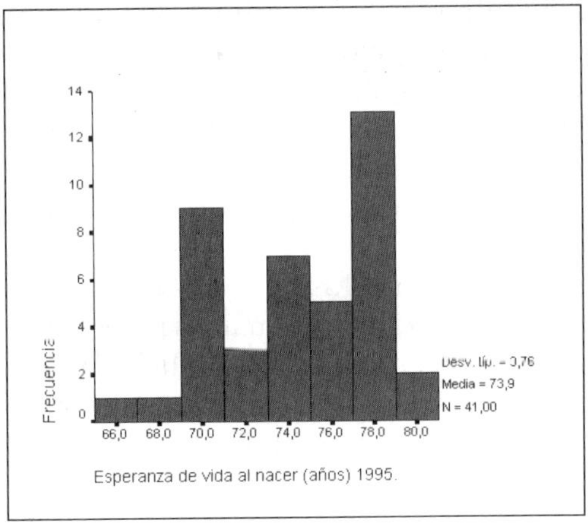

Figura 18. Ejemplo de histograma.

En realidad, lo que se ha efectuado es una recodificación automática por el programa que luego es representada como si fuera un diagrama de barras con la única limitación de que no puedan separarse los rectángulos. Por ello, las modificaciones ejecutables sobre este gráfico, con la excepción acabada de mencionar, son idénticas a las comentadas en la página 49. Otra diferencia importante con respecto al diagrama de barras es que calcula automáticamente una leyenda donde consta el número de casos, la media y la desviación típica.

En el gráfico de las esperanzas de vida de los países europeos se comprueba que la moda está en el intervalo que incluye los 77 y los 78 años, esperanza en la que se encuentran casi un tercio de los casos analizados, aunque también haya un importante número (más del 20% de naciones con esperanza entre los 69 y los 70 años).

Mayor posibilidad de cambio proporciona la herramienta

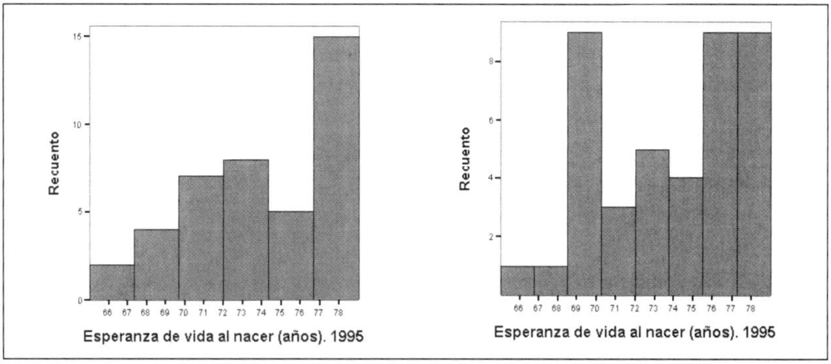

Figura 19. Comparación de histogramas con distinto número de intervalos.

Gráficos/Interactivos/Histograma, que permite especificar el número de intervalos que se requiere representar. El inconveniente, en este caso, es que lo automatiza de tal modo que los puntos de corte son números decimales sin ninguna regularidad. Cuando se trata de variables continuas empíricamente, esto apenas produce desajustes; pero si, en realidad, se están representando variables discretas, la interpretabilidad de los histogramas es muy deficiente. Véase, como prueba de ello, dos gráficos que se han obtenido con la opción interactiva, una vez con 6 intervalos y la otra con 8 y compárese con la proporcionada en la figura 18. Incluso con el mismo número de intervalos las divisiones no son las mismas, pues en la posterior no se centran los intervalos en el punto medio. Aunque no parezca cierto, las gráficos de las figuras 18 y 19 proceden de los mismos datos.

Los gráficos de línea o, también llamados, polígonos de frecuencias consisten en unir los puntos medios de todos los histogramas contiguos mediante una recta. Sin embargo, el programa SPSS (*Gráficos/Líneas*) no lo realiza de esta forma, sino que opera como si estos gráficos fueran de variable discreta y lo que efectúa es la unión de rectángulos de los diagramas de barra, en lugar de hacerlo con los histogramas. Este no es problema si todos los valores reales de la variable son equidistantes; pero en el momento que no lo sean se plantean problemas de inexactitud gráfica. El mismo ejemplo que ha servido para dibujar los histogramas ayuda a comprender las diferencias entre ambas formas de representación, porque existe en la distribución dos valores intermedios sin ninguna frecuencia (66 y 68 años):

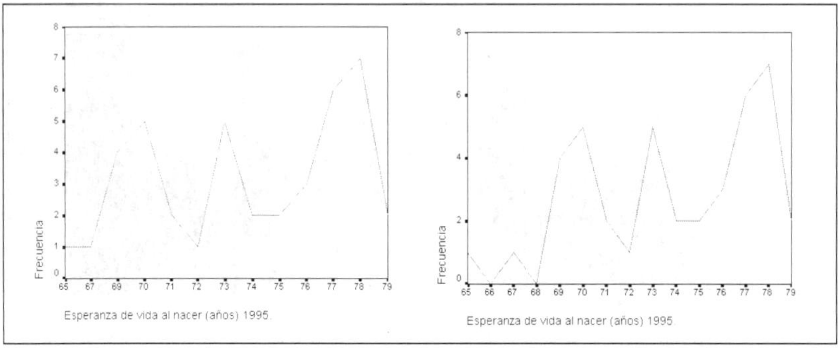

Figura 20. Gráficos de líneas representados como variable discreta y continua.

Gráficos muy similares a los de líneas son los gráficos de área. Lo único que los diferencia es que la zona existente entre el polígono de frecuencias y los ejes de coordenadas se rellena con un color con el fin de subrayar la presencia de casos en el interior.

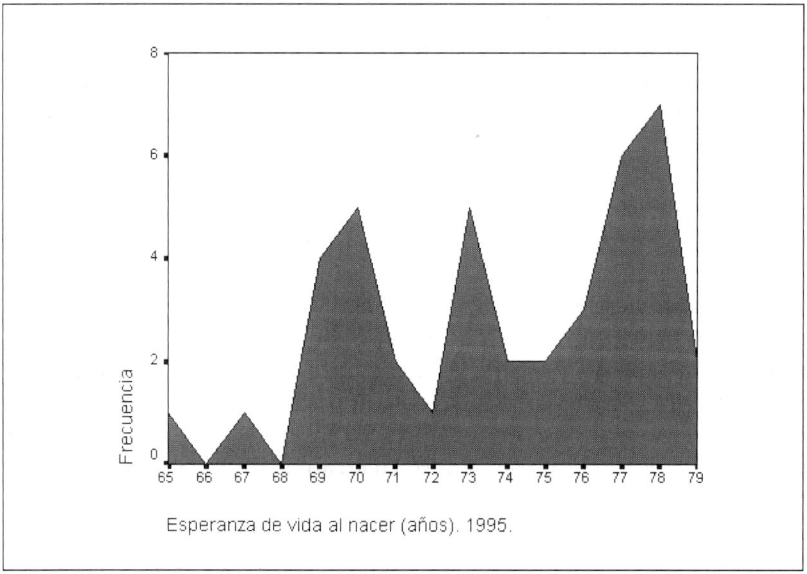

Figura 21. Ejemplo de gráfico de área.

Los gráficos de tallo y hoja son un modo fácil y evidente de representar semigráficamente una variable cuyos valores sean números.

Como su propio nombre indica, son representaciones de datos que constan de dos elementos: el tallo y las hojas. La primera cuestión que debe resolverse para abordar estos gráficos es qué es lo que se va a considerar tallo y qué se entenderá como hoja.

El tallo está constituido por el/los primeros dígitos de la variable. La hoja sería el siguiente dígito no incluido en el tallo. La dimensión de este último está determinada por las características del rango de la variable. Se trata de formar entre 5 y veinte filas de números. Como no hay normas ni fórmulas precisas, lo mejor es dar algunos ejemplos de aplicación.

Caso de disponer de una variable como la edad con los siguientes valores

{3, 5, 7, 8, 10, 14, 17, 20, 25, 30, 32, 35, 37, 39, 41, 50, 53, 60, 72, 81}

es conveniente considerar como hoja (derecha) el último dígito (unidades) y como tallo (izquierda) el primer dígito (decenas). De este modo, la distribución quedaría como sigue:

```
0 -357
1 -047
2 -05
3 -0257
4 -1
5 -03
6 -0
7 -2
8 -1
```

Figura 22. Gráfico de tallo y hoja (edad).

En este gráfico un tallo equivale a 10 unidades y cada una de las hojas representa una unidad. Así, es fácil deducir que en la muestra considerada hay tres personas con menos de diez años, tres comprendidas entre los 10 y los 19, cuatro entre los 30 y los 39, y así sucesivamente hasta ver que sólo hay una persona con más de ochenta años.

En cambio, para representar la esperanza de vida de los países europeos, si se procediera con la misma estrategia que en el anterior caso, sólo habría 2 filas: una muy corta con sólo 6 casos, los seis países con una esperanza de vida inferior a 70 años y 35 en la segunda. En lugar de ello, se toma como determinación que el ancho del tallo equivalga a 10 unidades; pero se representa dos de ellas en cada una de las líneas. De este modo el gráfico quedaría configurado como sigue:

Esperanza de vida al nacer (años) 1995.

Frecuencia	Tallo	&	Hoja
1.00	6	.	5
1.00	6	.	7
4.00	6	.	9999
7.00	7	.	0000011
6.00	7	.	233333
4.00	7	.	4455
9.00	7	.	666777777
9.00	7	.	888888899

Ancho del tallo: 10.00
Cada hoja: 1 caso

Figura 23. Gráfico de tallo y hoja (esperanza de vida).

Otro ejemplo es el del producto nacional bruto de los países europeos cuyo rango va desde los 2.252.343 millones de dólares del PNB alemán hasta los 800 que produce Mónaco. Como en estos datos, hay cinco países que se desvían enormemente del con-

PNB. Millones de dólares. 1995.

Frecuencia	Tallo	&	Hoja
24.00	0	.	000000000000000111111334
4.00	0	.	5889
3.00	1	.	003
2.00	1	.	56
2.00	2	.	01
2.00	2	.	58
1.00	3	.	3
1.00	3	.	7
5.00	Extremes		(>=532347)

Ancho del tallo: 100000.0
Cada hoja: 1 caso

Figura 24. Gráfico de tallo y hojas (PNB).

junto (Alemania, Francia, Reino Unido, Italia y España), se crea una categoría especial para ellos denominada extremos y el resto queda dividido en líneas de 50.000 millones de dólares. Para su representación el dígito del tallo equivale a las centenas de millar de millón, mientras que las hojas, una por país, indican las decenas de millares de millón.

Para completar los ejemplos de este tipo de gráficos, debe señalarse que obviamente no siempre una hoja equivale a un caso. Así para representar la edad en una muestra de universitarios, el gráfico de tallo y hoja quedó configurado como sigue:

```
Edad

Frecuencia Tallo & Hoja
 146.00      1 . 888888888888888888888888
 225.00      1 . 9999999999999999999999999999999999999
 279.00      2 . 0000000000000000000000000000000000000000000000
 271.00      2 . 111111111111111111111111111111111111111111111
 210.00      2 . 22222222222222222222222222222222222
 145.00      2 . 333333333333333333333333
  95.00      2 . 4444444444444444
  49.00      2 . 55555555
  26.00      2 . 6666
  30.00 Extremes (>=27.0)

Ancho del tallo:  10.00
Cada hoja:         6 casos
```

Figura 25. Gráfico de tallo y hojas (edad de universitarios).

Finalmente, otro gráfico para la representación de variables numéricas es el diagrama de caja. Frente a los otros gráficos contemplados hasta ahora en los que se representa la frecuencias de las distribuciones; en éste gráfico lo que queda reflejadas son las medidas de posición.

Efectivamente, un diagrama de caja consta de un rectángulo cuya longitud es igual a la amplitud intercuartos , dividido por una línea que representa la posición relativa a los cuartos inferior y superior de la mediana y complementado por rectas que, sin que tengan una longitud superior a rango intercuartílico y medio, llegan hasta el valor mínimo o máximo de la distribución.

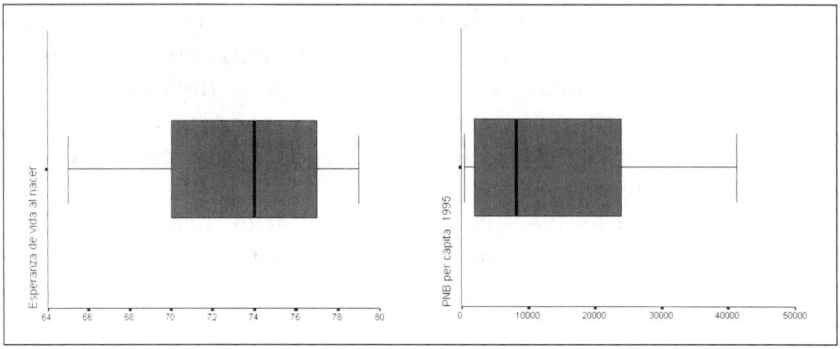

Figura 26. Diagramas de caja de las variables esperanza de vida al nacer y PNB per cápita.

Estos dos gráficos muestran respectivamente una distribución asimétrica a la izquierda en el caso de la esperanza de vida (As= -0.427) y a la derecha en el del PNB per cápita (As=0.812). La mediana de la esperanza de vida está situada en el valor 74, los cuartos inferior y superior en 70 y 77 respectivamente. El valor mínimo (65) está representado por la línea vertical de la izquierda y el valor máximo (79) también está fijado por la línea vertical de la derecha. En ambos casos, como también en la figura correspondiente al PNB, las rectas que salen de la caja llegan hasta los casos mínimo y máximo porque ninguno de ellos está situado a una distancia de su cuarto más próximo punto y medio superior al rango intercuartílico. En el caso de la esperanza de vida el valor mínimo es 65 y el cuarto inferior es 70, cuando el rango intercuartílico es de 7 puntos. A su vez, el valor máximo en el PNB per cápita es de 41.000 dólares, el cuarto superior tiene un valor de 24.000 y el rango intercuartílico es incluso superior (22.000) a la distancia entre las dos anteriores cantidades.

A aquellos casos que se ubican por encima de un rango y medio intercuartílico del cuarto superior o por debajo de menos un rango y medio el cuarto inferior se les denomina atípicos y, entre ellos, reciben el nombre de extremos los que se alejan de su cuarto más próximo tres veces el rango intercuartílico.

Así, en el caso de representar el PNB global, en lugar del per cápita, se encuentran un país atípico (España) y cuatro extremos (Alemania, Francia, Reino Unido e Italia) como se puede apreciar en la figura 27.

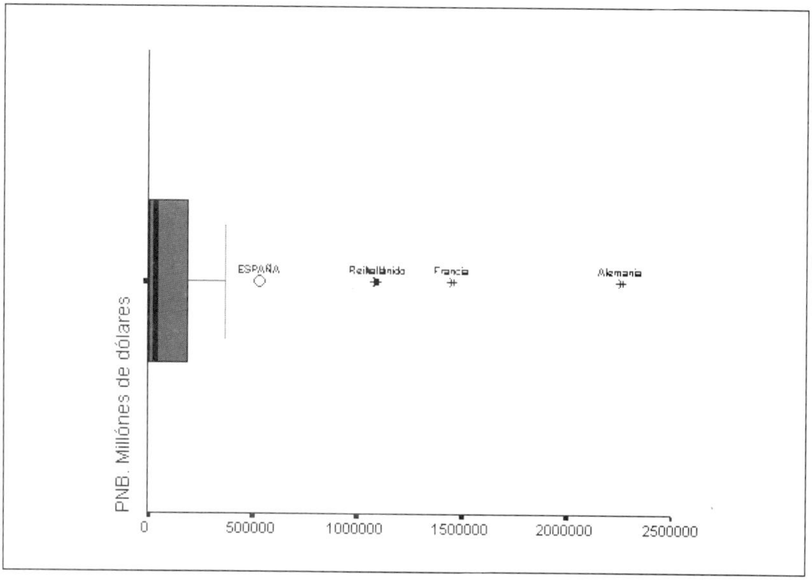

Figura 27. Diagrama de caja del PNB de países europeos.

Para obtener estos gráficos univariados con el programa SPSS a través de menú, las instrucciones son *Gráficos/Diagramas de caja/Simple/Resúmenes para distintas variables.* Como sus antecesores, con la diferencia del gráfico de tallo y hoja, pueden ser editados en una pantalla específica para su transformación. Los cambios que pueden hacérsele afectan a textos (títulos, pie, anotaciones, leyenda y valores y etiquetas de ejes), las líneas (marcos, ejes, líneas de referencias), la escala, la caja, y los casos atípicos y extremos.

TRANSFORMACIÓN DE VARIABLES

Cuando se trabaja con variables, hay que tener en cuenta que en muchas ocasiones no es cómodo o adecuado a los propósitos del análisis utilizar las mismas unidades o categorías con la que fueron recogidas o, con las que fueron introducidas en la matriz de datos informatizada. Un ejemplo claro puede ser la edad. Imagínese que se tiene un fichero con una variable consistente en el año de nacimiento; pero lo que interesa no es cuándo se nació, sino la edad que tienen los sujetos. Para ello, puede procederse a transformar la variable año de nacimiento en otra denominada edad mediante la sustracción de la primera al año en el que se llevó a cabo la encuesta. O, incluso, piénsese en una escala de Likert con varios items con valores de 1 a 5, en los que unos van en una dirección de la actitud (valores ecologistas, por ejemplo) y otros en la dirección contraria. A fin de obtener una medida aditiva, es obvio que las variables correspondiente a los items expresados en sentido inverso al que se desea medir necesitan ser transformadas, convirtiendo los 5 a 1, los 4 a 2, los 2 a 4 y los 1 a 5. Otras veces, incluso, se necesitan cambios de escala más intensos, que afectan a la distancia entre los puntos de la escala. Así, es práctica frecuente convertir variables numéricas, sobre todos rentas e ingresos, a escala logarítmica. Ello produce cambios importantes en la naturaleza de la variable que se examinarán más adelante. Finalmente, hay otras veces que se necesita cambiar el tipo de variable; por ejemplo, convertir una variable nominal en otra de intervalo con el fin de realizar con ella un análisis para el que se precisa este nivel de medición, o, en otras ocasiones, no conviene exponer todos los valores de la variable y procede la agrupación de varios de ellos, siendo una de las posibles razones el que haya pocos casos con un determinado valor de la variable.

En resumen, los cambios sobre los valores de las variables se clasifican en tres tipos. En primer lugar, se distinguen las transformaciones aritméticas de las que son lógicas. Y, entre las transformaciones aritméticas se distinguirán dos tipos con propiedades muy distintas entre sí: las transformaciones lineales y las no lineales.

Una transformación es lineal si puede ser reducida a la siguiente expresión:

$$x'_i = a+bx_i \qquad (35)$$

donde x_i son los valores de la variable original, x'_i los de la variable transformada y a, b parámetros constantes que poseen un valor u otro en función del cambio que se desee realizar.

Si, por ejemplo, se desea transformar la fecha de nacimiento en edad, los valores que han de adoptar los parámetros a y b son, respectivamente, el año de realización del estudio y -1. Así, caso de haberse realizado la encuesta en el año 1998, obtendríamos la edad de los entrevistados mediante la siguiente expresión:

$$x'_i - 1998-x_i \qquad (36)$$

Otro ejemplo útil es el de la conversión de los items invertidos de la escala de Likert. En estos casos, el valor de b siempre será -1 y el valor de a la suma de los valores máximo y mínimo de la escala. Así, para convertir una variable de rango 1 a 5 a otra de rango inverso de 5 a 1, la fórmula que tendría que aplicarse sería:

$$x'_i = 6-x_i \qquad (37)$$

Y, en el caso de desear convertir una escala de 0 a 10, en otra de 10 a 0, la ecuación se transformaría en:

$$x'_i = 10-x_i \qquad (38)$$

Las transformaciones lineales tienen una serie de propiedades importantes que las diferencian del resto de transformaciones. Estas son:

$$\begin{aligned} \bar{x}'_i &= a+b\bar{x} \\ Var(x'_i) &= b^2 Var(x) \end{aligned} \qquad (39)$$

Es decir, la media de una variable transformada puede obtenerse mediante la transformación lineal de la variable original; sin embargo, la varianza de la nueva variable se obtiene mediante la multiplicación de la antigua varianza por el cuadrado del parámetro b. Esto conlleva, por ejemplo, en el caso de las transformaciones vistas en las ecuaciones (36) a (38) que la varianza no cambie a pesar de la mutación de la variable, pues en esos tres casos b=-1.

Sin embargo, si una variable expresada en miles de pesetas, se transforma en otra medida en pesetas, el coeficiente b sería igual a 1.000 y, en consecuencia, habría que multiplicar la varianza de la primera por 1.000.000 para obtener la de la segunda. En cambio, para la obtención de la desviación típica bastaría con multiplicar por mil la original.

Es importante decir también que sea cual sea la transformación lineal de una variable, la forma de la distribución no cambia salvo el signo de la simetría si b es negativo. Así, si se calculan la asimetría y curtosis de dos variables que sean una la transformación lineal de la otra, los resultados son idénticos. A modo de ejemplo empírico, en la tabla 5, se han calculado los estadísticos del PNB per cápita, medido en una columna en dólares, en la otra en miles de dólares. Como puede fácilmente apreciarse, la media en la columna de la izquierda es 1.000 veces superior, la varianza 1.000.000; pero los coeficientes de simetría y apuntamiento (asimetría y curtosis) son iguales.

Tabla 11. Estadísticas del PNB per cápita

	PNB per cápita. 1995. Dólares	PNB per cápita. 1995. Miles de dólares
N	44	44
Mínimo	440.00	.44
Máximo	41210.00	41.21
Media	12120.4545	12.1205
Varianza	143167567.230	143.168
Asimetría	.812	.812
Curtosis	-.469	-.469

Una de las transformaciones lineales más utilizadas en el análisis de datos es la tipificación de una variable. Consiste en cambiar sus valores para que tenga una media de 0 y una desviación típica de 1. De este modo, se pueden hacer comparaciones entre distribuciones de variables medidas en unidades muy distintas, como por ejemplo, pesetas y años. Y, asimismo, permite la comparación de las variables con modelos teóricos de distribución como la normal.

Los valores que adoptan a y b en el caso de la tipificación son respectivamente $-\bar{x}/s$ y $1/s$; pero el modo más fácil de realizar la conversión de los valores originales x_i en los valores tipificados es

$$z_i = \frac{x_i - \bar{x}}{s} \tag{40}$$

Existen otro tipo de transformaciones algebraicas de las variables que no son lineales y que tienen una gran importancia en el análisis exploratorio de datos. Son aquellas en las que se aplican funciones distintas de la suma y la multiplicación de constantes. Estas transformaciones tienen la propiedad de cambiar la distancia absoluta y relativa entre los valores y, por tanto, modifican la forma de la distribución de los datos.

De este modo, una transformación puede dispersar los valores en un determinado lado de la distribución o agrupar observaciones que estén muy distantes del valor medio de la variable. En consecuencia, tiene efectos que las transformaciones lineales son incapaces de provocar, como la reducción de la asimetría de una distribución, el cambio de la curtosis e incluso hacer más representativos los valores centrales de una variable.

Es común denominar a estos cambios de variables transformaciones de potencia, pues adoptan, en general, la forma:

$$\begin{array}{ll} x_i' = x_i^q & q>0 \\ x_i' = \log x_i & q=0 \\ x_i' = -x_i^q & q<0 \end{array} \tag{41}$$

La nueva variable se obtiene elevando a una determinada potencia el valor de la variable original, salvo en el caso en que q=0, en el que se transforma la variable x aplicándole su logaritmo (neperiano o decimal).

Estas transformaciones tienen la principal virtud de cambiar la forma de la distribución de modo que si q <1, la distribución gana asimetría a la izquierda y, en el caso de que q>1, al contrario, la distribución se hace más asimétrica a la derecha. Evidentemente, si q=1, la variable no sufre ninguna modificación.

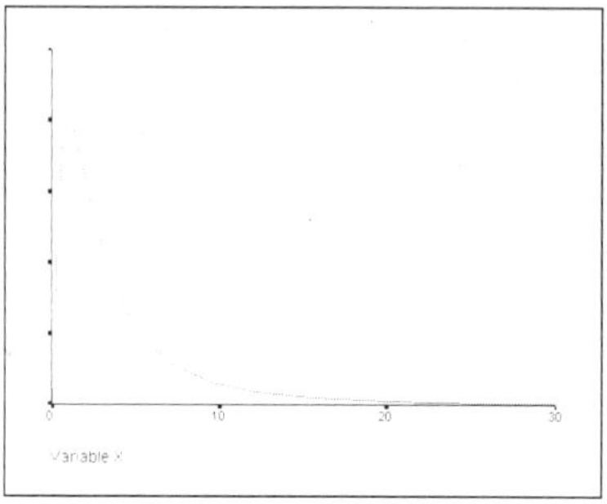

Figura 28. Distribución de X.

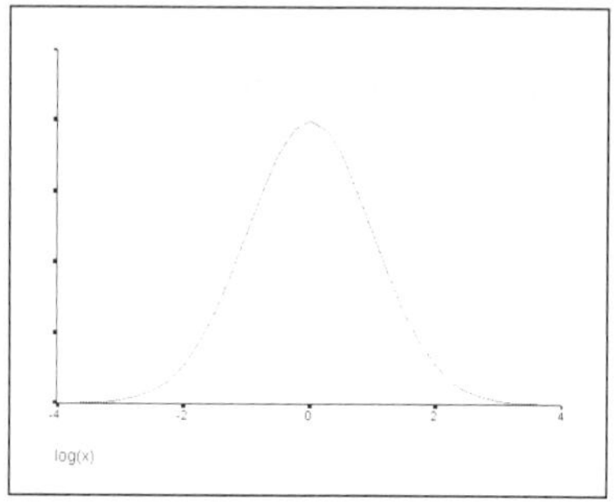

Figura 29. Distribución de ln(X).

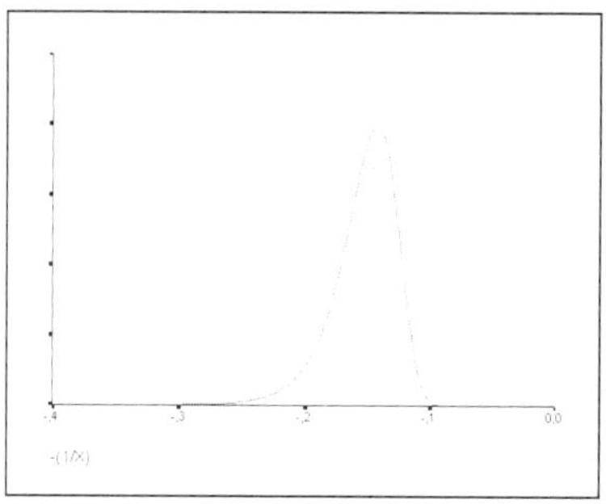

Figura 30. Distribución de -(1/X).

En las figuras de arriba se ve el efecto que provoca las transformaciones no lineales. Inicialmente, la variable X tiene una distribución asimétrica a la derecha (figura 28). Al aplicarle la función logarítmica, se convierte en una distribución simétrica y normal (figura 29). Pero, si se le hubiese aplicado la función inversa -(1/X), la simetría habría pasado a ser a la izquierda (figura 30).

A la inversa también es cierta la relación. Si una distribución es asimétrica a la izquierda, tras aplicarle el cuadrado tiende a perder asimetría, tanta más cuanto más se eleve la potencia, llegando incluso a tener una asimetría a la derecha.

Otras transformaciones más complejas operan sobre los extremos de la distribución de modo que las suaviza. Se las conoce como logaritmos y raíces plegados. Se ejecutan en dos pasos: en el primero se realiza una transformación lineal de tal naturaleza que la nueva variable tenga como límites los valores entre 0.05 y 0.95. Para ello los valores de los parámetros de la conversión han de ser los siguientes:

$$b = \frac{0.90}{x_{max} - x_{min}} \qquad (42)$$

$$a = \frac{0.05x_{max} - 0.95x_{min}}{x_{max} - x_{min}}$$

Una vez limitados los valores de la variable en el intervalo [0.05-0.95] se le aplica la función que efectivamente realiza la suavización de los extremos. En el caso de utilizar logaritmos, la expresión que habría que utilizar es

$$\frac{\ln(x')}{2} - \frac{\ln(1-x')}{2} \qquad (43)$$

mientras que si se emplea las raíces, la transformación que hay que aplicar es

$$\sqrt{(2x')} - \sqrt{(2(1-x')} \qquad (44)$$

En la tabla 12 se muestra la variable edad con los datos de cuatro personas a la que se le aplica las transformaciones señaladas y, para ver sus efectos, se devuelve a la escala de edad con los mismos valores extremos. La primera columna incluye los valores originales, la segunda su transformación lineal para que el valor mínimo sea 0.05 y el máximo 0.95, en la tercera se aplica el logaritmo plegado sobre el que se vuelve a reescalar para que mínimos y máximos sean otra vez 5 y 35. Como puede observarse, el valor original de 6 se ha convertido en 7.6 y el de 34 en 32.4, con lo que se suaviza la cola de la distribución. Las dos siguientes columnas son paralelas a las dos anteriores; pero con la utilización de las raíces plegadas. En este caso, la diferencia está en que el suavizado de los extremos es menor pues el valor 6 pasa a ser sólo 6.5 y el 34, 33.5.

Tabla 12. Transformaciones de logaritmo y raíz plegados sobre la edad

x_i	x'_i	ln	x''_i	raíz	x'''_i
5	0.05	-1.47	5.0	-1.06	5.0
6	0.08	-1.22	7.6	-0.96	6.5
34	0.92	1.22	32.4	0.96	33.5
35	0.95	1.47	35.0	1.06	35.0

Es obvio que todas estas transformaciones (lineales y de potencia) sólo se pueden aplicar a variables cuantitativas. Hay otras transformaciones, a las que denominaremos lógicas, que podrían emplearse en todo tipo de variables. Mediante ellas, se transforman con una relación de equivalencia todos o parte de los valores de la variable.

De todas las posibles transformaciones lógicas, la más conocida y empleada es la disposición en intervalos de una variable cuantitativa. Mediante esta operación, uno o varios conjuntos de valores contiguos se funden en un solo valor. Sea, por ejemplo, la edad. Después de entrevistar a 1000 sujetos de edades comprendidas entre los 18 y los 85 años, no resulta cómodo presentar una tabla de distribución de frecuencias con 68 líneas, una para cada edad; sino más bien lo que se realiza es agrupar valores contiguos.

Esta agrupación puede hacerse con criterios muy distintos. Baste señalar los más empleados:

El primero consistiría es realizar intervalos de tamaño regular. Para ello, se divide el rango entre los intervalos que se desea obtener y con ello se obtiene la amplitud de cada agrupación. Siendo R el rango de la variable e I la amplitud del intervalo, se establece la siguiente relación:

$$a_i = \frac{R}{I} \tag{45}$$

En este caso, como el rango comprende 68 edades distintas, al dividir por cuatro, arroja una amplitud de 17 años. Comenzando por el valor mínimo de 18, los intervalos serían los siguientes: a) 18-34; b) 35-41; c) 42-58; d) 59-85[10].

[10] Al tratarse de una variable potencialmente continua, los límites de los intervalos reales deberían coincidir: así, el primer intervalo podría representarse

El segundo método es el empleo de criterios empíricos. Se trataría de agrupar categorías de modo que los intervalos tengan frecuencias similares. O bien, más frecuentemente, agrupar los valores de aquellas categorías que no tengan un considerable número de sujetos. Un ejemplo muy común es el del número de hijos. Al comienzo de la variable no se hace recodificación: 0, 1, 2, 3, ...; pero a partir de una determinada cantidad hay que realizar agrupaciones (4,5) (6,7), ... E, incluso, en los últimos intervalos conviene dejar el último valor abierto (8 o más).

Habría un tercer criterio de agrupación de valores, que se basa en la agrupación de valores en función del sentido próximo que posean. Así, una agrupación de la variable edad podría realizar el siguiente 18-29 años, 30-39, 40-49, 50-64 y 65 y más. En el primer intervalo se trataría de agrupar a los jóvenes, posteriormente habría dos grupos con una amplitud de una década, el grupo entre 50 y 64 intentaría reflejar la prejubilación, mientras que a partir de los 65, estaríamos ante la tercera edad.

No toda transformación lógica de los valores de la variable tiene que ser por intervalos contiguos. Existen agrupaciones de valores en las que es preferible que categorías no próximas queden unidas. Piénsese en una lista de partidos políticos a los que la gente tendría intención de votar en unas próximas elecciones: PP, PSOE, CiU, IU, PNV, ...Caso de agrupar estas categorías, habría dos posibilidades: una el eje derecha-izquierda en el que, por un lado, quedaran PP, CiU y PNV, y, por el otro PSOE e IU. Otro modo de agregarlas sería considerando juntos PP, PSOE e IU, partidos centralistas, diferenciándolos de PNV y CiU, que son nacionalistas.

Entre las transformaciones que pueden realizarse sobre las variables nominales, es preciso detenerse en la creación de variables ficticias. Este es un proceso necesario para transformar las variables de tipo cualitativo en otras que tengan también propiedades cuantitativas.

---

como 17.5-34.5, el segundo como 34.5-41.5, el tercero como 41.5-58.5 y el último 58.5-85.5. En el caso de la edad, sería más conveniente poner como punto de corte los años enteros, pues las personas al declararla trunca a la baja los años que tiene. Desde el punto de vista matemático, pues, la presentación ideal de los intervalos sería [18-35)/[35-42)/[42-59)/[59-85). La marca «[» indica que la edad que le sigue está incluida en el intervalo, el paréntesis, «)» aclara que el valor que le antecede no se incluye en el intervalo.

Para ver estas transformaciones, es útil empezar por una variable nominal de dos valores, el sexo, por ejemplo. Piénsese en una muestra con 600 mujeres y 400 varones. Es evidente que no se pueden realizar operaciones aritméticas con los valores «mujer» u «hombre». En su lugar, se puede hacer un cambio a los valores de modo que uno de ellos esté presentado con el número 1, y el otro con el 0. En ese caso, la variable dejará de ser «exactamente» el *sexo*, para pasar a ser *hombre* o *mujer*. Elíjase ésta última categoría y, de este modo, la distribución de frecuencias quedaría así:

Tabla 13. Distribución de la variable ficticia *Mujer*

Mujer					
		Frecuencia	Porcentaje	Porcentaje válido	Porcentaje acumulado
Válidos	No	400	40.0	40.0	40.0
	Sí	600	60.0	60.0	100.0
	Total	1000	100.0	100.0	

Y, si se calculan los estadísticos propios de las variables cuantitativas, se obtienen los siguientes resultados:

Tabla 14. Estadísticos de la variable ficticia *Mujer*

Estadísticos		
Mujer		
N	Válidos	1000
Media		.600
Varianza		.240

Como puede comprobarse la media coincide con la proporción de casos que tienen el atributo al que arbitrariamente se le ha otorgado el valor de la unidad y la varianza se ajusta a la expresión p(1-p).

Caso de que se tuvieran variables nominales con más de dos valores, las transformaciones en variables ficticias han de repetirse tantas veces como valores menos 1 tenga la variable original. De este modo, para poder representar plena y cuantitativamente una variable nominal de cinco valores, se necesitarían cuatro variables ficticias. Sea, por ejemplo, el estado civil con valores soltero, casado, separado, divorciado y viudo. Los datos de la muestra quedarían reflejados completamente mediante cuatro variables dicotómicas, de valores 0 y 1. Hay, en consecuencia, cinco modos distintos de expresarlas: primera, dejando como base el valor soltero y creando cuatro variables en las que el valor 1 represente respectivamente a las categorías distintas de la de ser célibe; segunda, aislando el valor de casado y conformando cuatro variables binarias con los atributos soltero, separado, divorciado y viudo; tercera, utilizando como variable base de comparación los separados; cuarta, los divorciados, y quinta, los viudos.

Sea cual fuere la variable dejada como base, las cuatro restantes, siempre y cuando se parta de una variable con valores mutuamente excluyentes, sumarán una proporción inferior a 1. El complemento para llegar a la unidad es la proporción de casos que poseen la categoría considerada como base. Volviendo al ejemplo fácil del sexo, si había una proporción de 0.60 mujeres, es fácil deducir que se encontraría en la muestra un 0.40 de hombres. En el caso del estado civil, si la proporción de casados es de 0.60, la de separados de 0.02, la de divorciados 0.03 y la de viudos 0.10, es fácil deducir que la de solteros sería de .25.

INSTRUCCIONES PARA TRANSFORMAR VARIABLES

En el programa SPSS hay dos modos de alterar los valores de las variables, que se corresponden con las llamados cambios algebraicos y lógicos. Para el primero se utiliza la orden *Transformar/Calcular*, mientras que para el segundo se emplea las instrucción *Transformar/Recodificar*. Ambas pueden estar restringidas por una condición y realizarse no sobre toda la muestra o conjunto de datos disponibles, sino sólo sobre un subconjunto dado.

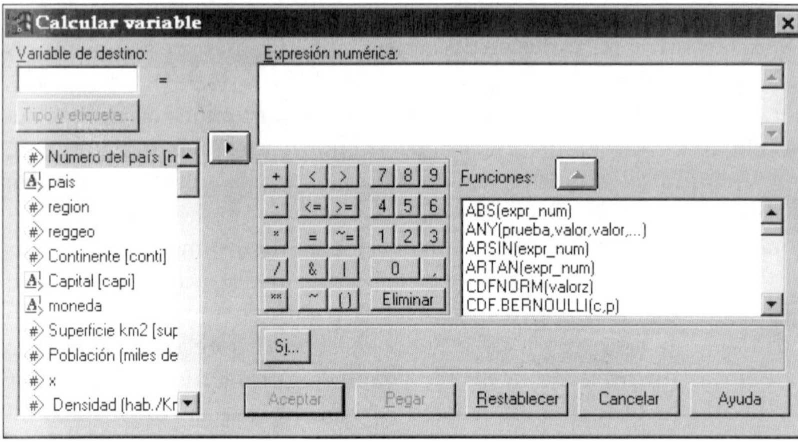

Figura 31. Cuadro de diálogo para el cálculo de variables.

La orden *Calcular* genera el cuadro de diálogo expuesto en la figura 31. En él es obligatorio escribir en los dos espacios superiores. En el izquierdo ha de indicarse el nombre que va a tener la variable transformada. Básicamente, hay dos posibilidades: ponerle el mismo nombre que a la variable original, o darle un nombre distinto. Esta última es preferible, pues de este modo, se conserva en la matriz de datos la variable original y se puede hacer con ella nuevas transformaciones. De lo contrario, a menos que se guarde el fichero de datos con otro nombre, se perderán los valores de la variable inicial. En el espacio superior derecho, se ha de escribir la operación algebraica que transforma a la variable.

En los sectores inferiores de la pantalla de la misma figura 31, aparecen, en la izquierda, los nombres de las variables de la matriz de datos; a la derecha, un conjunto de funciones[11] que se pueden utilizar para obtener la *Variable de destino,* y en el centro hay una especie de calculadora donde aparecen números por si es preciso utilizar constantes en la *Expresión numérica* y una serie de funciones aritméticas (suma, resta, multiplicación, división y potencia) y lógicas (mayor y menor que, igual y desigual, conectores lógicos (& y |) y negación (~).

[11] Las funciones que dispone el SPSS para la transformación de variables son de diverso tipo: aritméticas, estadísticas, generadoras de distribuciones, y funciones de valores perdidos, de retardo, de fecha y de cadena. En este contexto son sólo aplicables las aritméticas .

Para las transformaciones lineales, basta con escribir en la ventana superior derecha una expresión numérica del tipo:

$$a+b*nombre \qquad (46)$$

En cambio, para las transformaciones de potencia, la expresión adopta la siguiente fórmula:

$$nombre**(q) \qquad (47)$$

Por ejemplo, para transformar una variable medida en dólares en otra expresada en miles de dólares, se podría utilizar cualquiera de las dos fórmulas indicadas en cada una de las dos líneas siguientes:

$$\begin{matrix} 0+(1/1000)*PNB \\ PNB/1000 \end{matrix} \qquad (48)$$

Y, para hallar las potencias de la variable X, habría que emplear cualquiera de las expresiones siguientes:

$$\begin{matrix} X**2 \\ X**(1/2) \\ \ln(X) \\ -X**(-1) \end{matrix} \qquad (49)$$

La primera tiene el efecto de convertir en simétrica distribuciones asimétricas a la izquierda, pues q>1, mientras las tres últimas, realizan el efecto contrario, esto es, reducir la asimetría de distribuciones con esta característica a la derecha.

Para la transformaciones lógicas, deberá utilizarse la instrucción *Transformar/Recodificar*, que, a su vez, está dividida en dos, según se desee realizar la operación sobre la misma o sobre distinta variable, siendo ésta la más razonable por las razones ya anteriormente expuestas en el caso de las transformaciones aritméticas.

La recodificación se realiza a través de dos pantallas de introducción de parámetros: En la primera (figura 32) se extrae una o varias variables ya existentes y listadas en la columna de la izquierda y debe proporcionarse un nombre nuevo a la variable

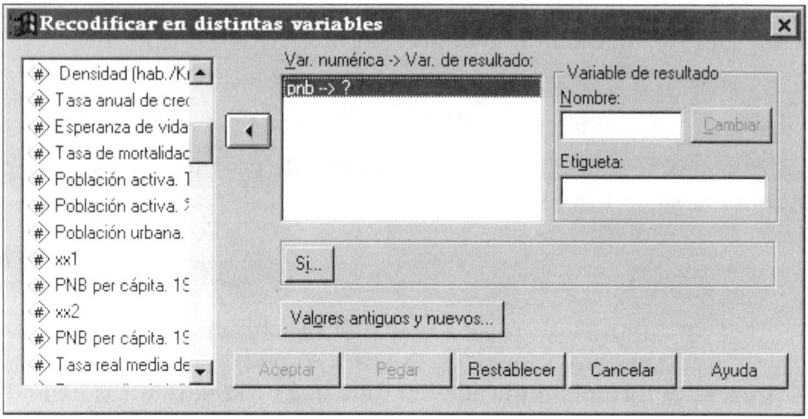

Figura 32. Cuadro de diálogo para la recodificación de una variable.

que se creará tras la ejecución de la instrucción. La segunda pantalla (figura 33) es donde se especifica qué valores de la variable antigua se van a convertir en qué valores de la nueva variable. En el ejemplo de la figura se ha utilizado la variable PNB (Producto Nacional Bruto), cuyos valores oscilan entre un mínimo de 800 $ y un máximo de 2.252.343 $. Se ha deseado formar cuatro intervalos de desigual amplitud que reflejara una clasificación de los países en bajo, medio bajo, medio alto y alto PNB. En la primera categoría se incluyen los países con menos de 5.000 $ de PNB, en la segunda los que lo tienen entre 5.000 $ y 50.000 $, en la tercera los que se encuentran entre 50.000 $ y 500.000 $ y, finalmente, la cuarta categoría incluye aquellos con un PNB superior a los 500.000 $.

El cuadro de diálogo mostrado en la figura 33 está dividido en dos mitades verticales. En la de la izquierda aparecen siete botones correspondientes a siete modos de convertir los valores de la variable original. En primer lugar, se puede cambiar valor por valor, en cuyo caso habría que marcar el primer botón (*Valor)* e indicar en su correspondiente casilla el dato que se desea cambiar. También se puede transformar un conjunto de valores al mismo tiempo. Para ello, se utiliza el cuarto botón (*Rango*) que se compone de dos rectángulos, uno para indicar el valor mínimo del rango y el otro para exponer el valor máximo. El quinto y el sexto botón realizan sustancialmente la misma función que el anterior; pero los límites del

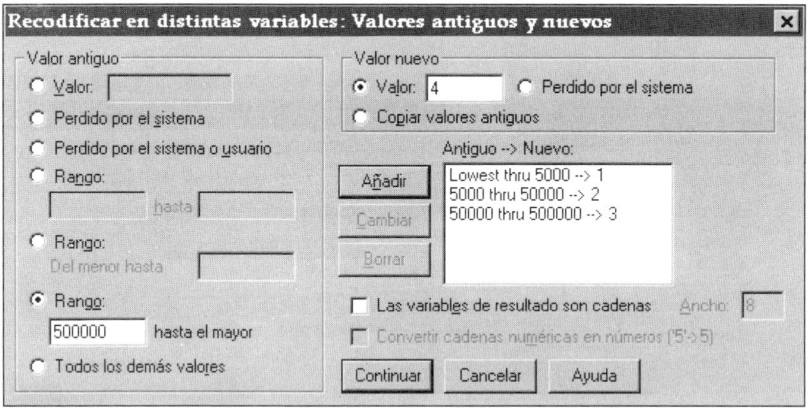

Figura 33. Cuadro de diálogo para la recodificación de valores.

rango vienen definidos en el primer caso por el valor mínimo de la variable y en el segundo por el valor máximo. Quedan tres botones a la izquierda del cuadro de diálogo comentado. El segundo y el tercero están para cambiar los valores perdidos de la variable original; el séptimo y último para especificar que se desean cambiar el resto de valores.

Cada una de estas posibilidades sirve para añadir una línea de cambio, que consiste en la transformación de un valor o rango de una variable en un determinado valor de la otra variable. Al menos deben realizarse tantas líneas como valores se desea que tenga la nueva variable. Como, en el caso del PNB, se deseaban cuatro valores, cuatro son las líneas necesarias. La primera convierte en 1 el rango desde el valor mínimo hasta el 5000; la segunda desde el valor 5000 hasta el 50.000; la tercera desde el 50.000 hasta el 500.000 y, finalmente, la cuarta transformación (aún pendiente en la figura, pues para que aparezca en el recuadro blanco de la derecha hay que pulsar el rectángulo *Añadir*) otorga a la nueva variable el valor 4 en el caso de que la original tenga un valor por encima de 500.000$.

Por último, puede ponerse un ejemplo de variable nominal convertida a variable ficticia. En la ya comentada variable *estado civil*, si se desea convertir el valor representado con un «4» (divorciado) en la variable original, se podría realizar el cambio mediante dos líneas de recodificación. En la primera, el «4» se convierte a un

«1» y en la segunda *Todos los demás valores* se transforman a 0. (Figura 34).

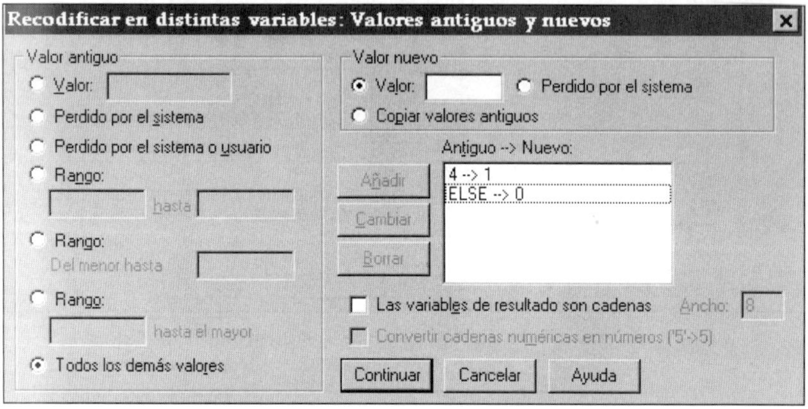

Figura 34. Cuadro de diálogo para recodificación de variables ficticias.

COMPARACIÓN Y ASOCIACIÓN DE VARIABLES

Cuando hay que analizar conjuntamente dos variables, puede hacerse desde dos aproximaciones diferentes: por un lado, se pueden comparar sus características, bien sea sus medias, sus varianzas o sus distribuciones; por otro, se pueden estudiar sus relaciones, o dicho de otro modo, si los valores de una variable están conectados de alguna u otra manera con los valores de la otra variable.

Los posibles análisis de dos variables dependerán también –al igual que ocurría con los análisis de una sola variable– del tipo de medición. Las técnicas, estadísticos y gráficos que se emplean para comparar o relacionar dos variables nominales son distintos de los usados para realizar las mismas operaciones con variables de intervalo o razón. Por este motivo, este capítulo se divide en cuatro partes: en la primera se ven los procedimientos para comparar variables cualitativas, en la segunda, se efectúa lo mismo para variables cuantitativas; en la tercera se estudia la relación entre variables nominales y, finalmente, se aborda la asociación entre variables cuantitativas.

ANÁLISIS DE VARIABLES CUALITATIVAS

Para que dos variables cualitativas puedan compararse, es preciso que sus valores sean similares. No puede compararse, por ejemplo, el estado civil con la clase social. La primera tiene como valores soltero, casado, separado, divorciado y viudo; la segunda baja, media-baja, media, media-alta y alta. Sólo transformándolas en variables ficticias, dicotómicas con valores 1 y 0, podrían compararse las distribuciones y, en dichos casos, realmente, lo que se compararía no serían las variables, sino los valores. En cambio, sí es posible comparar el grado de acuerdo manifestado hacia una afirmación con el grado de acuerdo hacia otra.

Incluso, es frecuente hacer comparaciones no entre dos variables empíricas sino entre una variable empírica y un modelo de distribución. En el caso de variables nominales el modelo más utilizado es el constante. Una variable como la región geográfica de los países europeos podría compararse con el modelo de distribución constante mediante la siguiente tabla:

Tabla 15. Distribución empírica y teórica de la región geográfica de los países europeos

Región geográfica			
	N observado	N esperado	Residual
Anglosajones	2	8,8	-6,8
Centro-europa	10	8,8	1,2
Sur de Europa	7	8,8	-1,8
Este de Europa	20	8,8	11,2
Nórdicos	5	8,8	-3,8
Total	44		

La primera columna de la tabla está ocupada con los cinco valores de la variable región, la segunda con las frecuencias empíricas (f_i), es decir, con el número de países que han sido clasificados en cada una de las regiones consideradas. La tercera columna figura la frecuencia teórica (f_i^*) o frecuencia que sigue el modelo de distribución constante. Como el número de países es 44 y el número de categorías es de 5, la frecuencia esperada debería ser 8,8 para cada uno de los valores de la variable. Finalmente, la cuarta columna recibe el nombre de residuo (r_i) y es la diferencia entre la frecuencia observada y la frecuencia empírica. Caso de que la distribución en la población tuviera una distribución constante, cada uno de estos residuos dividido por la raíz cuadrada de la frecuencia esperada forma en la distribución muestral una variable aleatoria normal (r^z_i) con media 0 y desviación típica 1.

$$r_i^z = \frac{r_i}{\sqrt{f_i^*}} = N(0,1) \tag{50}$$

Al sumar todos los residuos normalizados al cuadrado, se obtiene una distribución χ^2. Por ello, para la comparación de distribuciones de variable nominal u ordinal, se utiliza el test de χ^2, generalmente –pero no necesariamente– con una distribución equiprobable.

Este procedimiento comparativo se obtiene con la instrucción *Estadística/ Pruebas no paramétricas/chi cuadrado*, tras lo que aparece el siguiente cuadro de diálogo:

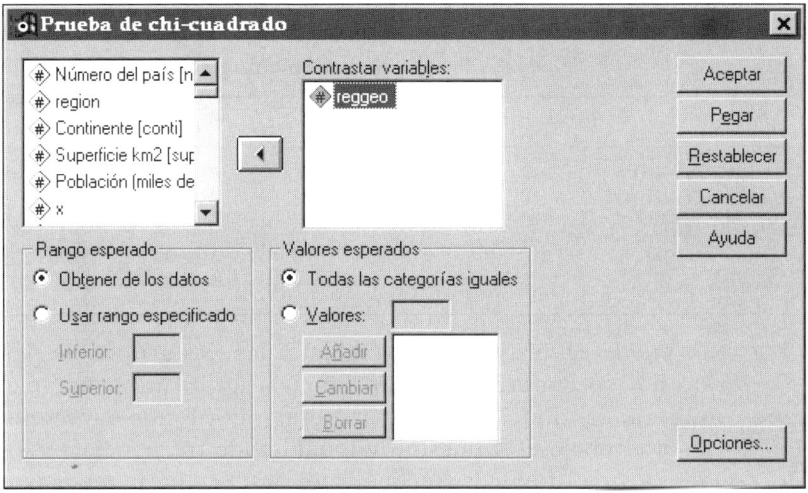

Figura 35. Cuadro de diálogo de la prueba de χ^2.

En ella debe especificarse en la ventana central, las variables sobre las que se desea realizar la prueba y, si se desea una distribución distinta de la constante, se debe especificar las frecuencias ordenadas de cada uno de los valores de la variable. El resultado de la prueba, además de los residuos, es el cálculo de χ^2 y su correspondiente significación que, caso de salir significativa (inferior a 0,05) indicaría una discrepancia entre la variable empírica y el modelo no atribuible a errores muestrales.

Tabla 16. Prueba de χ^2

Estadísticos de contraste	
Chi-cuadrado	21,682
gl	4
Sig. asintót.	,000

Otro modo alternativo de comparar numéricamente las frecuencias de variables nominales es mediante el método de doble raíz: las frecuencias reales se transforman en $\sqrt{2+4f_i}$, mientras que las frecuencias esperadas se convierten mediante la expresión $\sqrt{1+4f_i}$. La diferencia entre ambos radicales sigue una distribución normal, por lo que si su valor absoluto es superior a 1.96[12], se puede rechazar la hipótesis de que ambos marginales son iguales.

Tabla 17. Prueba de la doble raíz

Países	N (f_i)	N esp. (f^*_i)	$\sqrt{2+4f_i}$	$\sqrt{1+4f^*_i}$	Dif. raíces
Anglosajones	2	8.8	3.16	6.02	**-2.84**
Centro Europa	10	8.8	6.48	6.02	0.46
Sur Europa	7	8.8	5.48	6.02	-0.54
Este Europa	20	8.8	9.06	6.02	**3.04**
Nórdicos	5	8.8	4.69	6.02	-1.33

Como puede observarse en la tabla 17, los dos grupos de países donde hay verdaderamente diferencias significativas en relación con la equidistribución son los anglosajones (donde hay menos que lo esperado bajo el supuesto de igualdad de frecuencias) y los del este de Europa (donde la frecuencia es significativamente mayor que la esperada).

Para comparar dos o más distribuciones de variable nominal, conviene que las distribuciones tengan los mismos valores, aunque lo mínimo requerido es que compartiesen un valor. La representación gráfica de las comparaciones de variable nominal se puede hacer con gráficos de barras o de sectores, si bien son preferibles los primeros, porque las comparaciones son más evidentes. Empleando gráficos de barras, existen distintas maneras de representar las comparaciones.

a) Se distribuyen una al lado de la otra. Es como realizar dos gráficos distintos, uno al lado del otro para compararlos.

b) Se exponen de modo opuesto los valores correspondientes de una y otra variable.

c) Se distribuyen uno junto al otro los valores equivalentes de las dos variables.

d) Se apilan los valores de las variables y se exponen uno a continuación del otro.

[12] Éste es el valor crítico de la distribución normal con un nivel de significación del 5%.

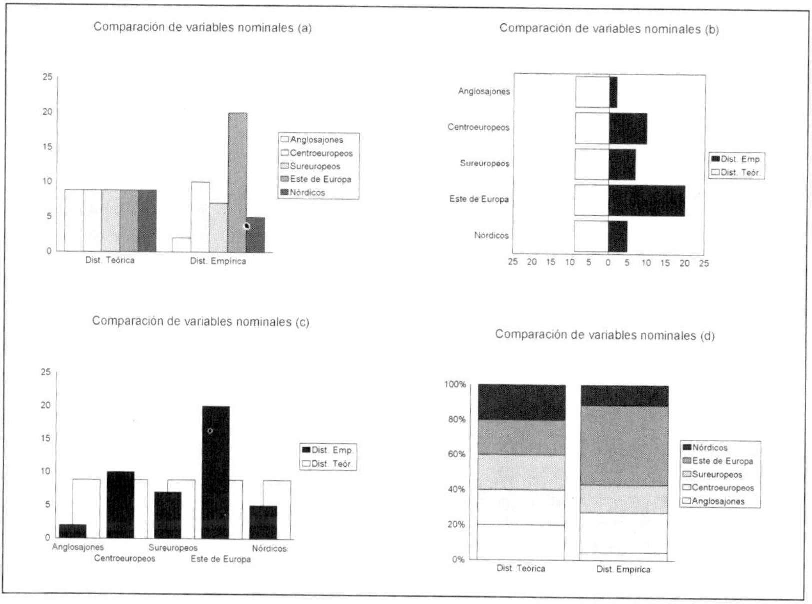

Figura 36. Gráficos para la comparación de variables nominales.

En este tipo de gráficos hay que poner cuidado en la cuestión de las escalas. No hay ningún problema si se representan frecuencias relativas; pero, en el caso de que se tracen las barras de modo proporcional a la frecuencia absoluta, hay que prestar atención al distinto tamaño que pueden tener la suma de frecuencias de los distintos términos de la comparación.

El otro modo de acercamiento a las variables cualitativas es el de estudiar si están asociadas. En este caso no se comparan las frecuencias (absolutas o relativas) de dos variables, sino que se estudia si los valores de una determinada variable están asociados con los de la otra. No es necesario que los valores de las dos variables sean iguales, pues no se trata de ver si hay igualdad de porcentajes en una u otra categoría; sino si los valores de una determinada variable son más probables para un determinado valor de otra variable.

El tratamiento estadístico que se emplea para el estudio de la asociación entre dos variables nominales es también el de χ^2; pero a diferencia de la comparación entre dos variables donde se contrastan pares de frecuencias univariadas f_i con f^*_i, el modelo de asociación es el de una distribución conjunta de dos variables (f_{ij}) y en lugar de trabajar con el modelo de equivalencia de frecuencias, se trabaja con el modelo de independencia entre los valores de dos variables. Así la frecuencia teórica (f^*_{ij}) con la que se comparan las frecuencias bivariadas de una tabla responde a la siguiente igualdad:

$$f^*_{ij} = \frac{f_{i.} f_{.j}}{f_{..}} \tag{51}$$

Las tablas más adecuadas para el estudio de la asociación entre estas variables son las llamadas de contingencia, en las que se cruzan los valores de una y otra variable. Generalmente, se distingue una llamada independiente, que es la que influye sobre otra, que recibe comúnmente el nombre de variable dependiente. Los porcentajes de la tabla se calculan de modo que para cada valor de la variable independiente sumen entre ellos el 100%.

Tabla 18. Tabla de contingencia de estado civil por sexo

		Sexo		
		Varón	Mujer	Total
Estado civil	Soltero	34.7%	21.6%	27.9%
	Casado	59.0%	61.1%	60.1%
	Vive en pareja	1.0%	2.1%	1.6%
	Separado	1.0%	1.4%	1.3%
	Divorciado	1.6%	.8%	1.2%
	Viudo	2.6%	13.0%	8.0%
Total		100.0%	100.0%	100.0%

También el χ^2 sirve para comprobar la hipótesis, en este caso, de independencia entre las dos variables. Cuando sale con una significatividad inferior al 0,05; entonces puede rechazarse la hipótesis nula de que las variables no están empíricamente asociadas entre sí. Su fórmula se basa también en la suma de los residuos normalizados de las casillas de las variables:

$$\chi^2 = \sum_{i}^{I} \sum_{j}^{J} \frac{(f_{ij} - f^*_{ij})^2}{f^*_{ij}} \tag{52}$$

Y sus grados de libertad se obtienen multiplicando el número de valores menos uno de las dos variables involucradas.

Tabla 19. Prueba de χ^2

Pruebas de chi-cuadrado			
	Valor	gl	Sig. asint. (bilateral)
Chi-cuadrado de Pearson	62.821	5	.000

Para la asociación entre variables nominales se emplean también diagramas de barras; pero en este caso, las clases de gráfico a) y b) utilizadas en la comparación de distribuciones nominales no son adecuadas, pues no permiten realizar las comparaciones probabilísticas de modo fácil. Sólo sería conveniente aplicar el modelo c) con frecuencias relativas o el d), que por ser apilado siempre se referencia en términos relativos.

Lo importante a tener en cuenta en el caso de asociación es cuál es el porcentaje que se está considerando, pues siempre hay que tomar como base las frecuencias de la variable independiente. Así, en este caso donde se cruzan estado civil (dependiente) y sexo (independiente), la suma de los porcentajes de solteros, casados, que viven con la pareja, separados, divorciados y viudos deben sumar 100 y no, a la inversa, los porcentajes de los dos sexos para cada categoría de estado civil.

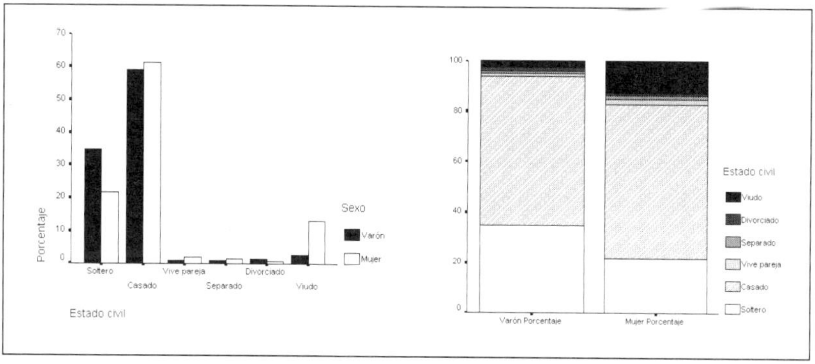

Figura 37. Gráficos de asociación entre variables nominales. Gráficos c) y d).

A fin de conseguir el gráfico de tipo c) en el cuadro de diálogo correspondiente a la definición de barras agrupadas se ubica la variable independiente en la casilla *Definir grupos por*, mientras que la dependiente se coloca en la del *Eje de categorías*.

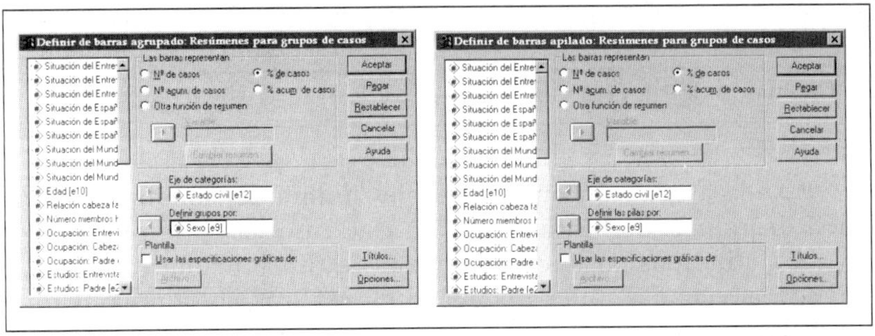

Figura 38. Cuadros de diálogo para diagramas de barras agrupadas y apiladas.

Para obtener el gráfico tipo d) hay que ir al menú de barras apiladas y poner la variable independiente en la casilla *Definir las pilas por* y la dependiente en *Eje de categorías*, habiendo cuidado previamente de marcar el % de casos. Una vez que se genera este gráfico, deben transponerse las series en el editor de datos para obtener la adecuada representación para la comparación de las distribuciones correspondientes a hombres y mujeres respectivamente.

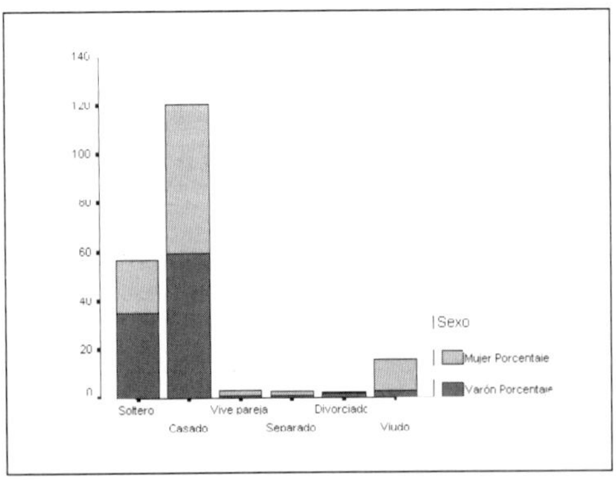

Figura 39. Edición del diagrama de barras apiladas. (Trasponer datos).

Tabla 20. Frecuencias y frecuencias esperadas de dos variables nominales

*Tabla de contingencia A*B*					
Recuento					
		B			
		+	o	-	Total
A	+			32	32
	o		36		36
	-	32			32
Total		32	36	32	100

*Tabla de contingencia A*B*					
Frecuencia esperada					
		B			
		+	o	-	Total
A	+	10.2	11.5	10.2	32.0
	o	11.5	13.0	11.5	36.0
	-	10.2	11.5	10.2	32.0
Total		32.0	36.0	32.0	100.0

Por los instrumentos utilizados, puede haber parecido meramente de matiz la distinción entre comparar dos variables cualitativas y estudiar su asociación. Sin embargo, sí hay grandes diferencias que pueden verse con un simple ejemplo. Imaginemos la evaluación de dos líderes políticos, llamados A y B. Un cruce de ambas sería el método ideal para ver si están asociadas ambas valoraciones. La tabla de contingencia con las frecuencias absolutas de las casillas nos muestra un peculiar ejemplo de cómo estando dos variables relacionadas inversamente (véase tabla 20), sus distribuciones marginales son exactamente iguales. La evaluación global de ambos líderes es idéntica; pero toda persona que juzga positivamente a uno, juzga negativamente a otro. Haciendo una comparación de las distribuciones, parecen iguales ambos líderes; pero individualmente quienes valoran positivamente a uno, valoran negativamente al otro –no existe asociación positiva entre ellos. Sin embargo, no tendría por qué haber sido así, como se demuestra en la tabla

Tabla 21. Tablas de contingencia de las variables B y A según C

*Tabla de contingencia B*C*					
Recuento					
		C			
		+	o	-	Total
B	+	32			32
	o		36		36
	-			32	32
Total		32	36	32	100

*Tabla de contingencia A*C*					
Recuento					
		C			
		+	o	-	Total
A	+			32	32
	o		36		36
	-	32			32
Total		32	36	32	100

de frecuencias esperadas en el caso de que no hubiera habido asociación entre las variables. Más claro aún resulta si interviene una tercera variable, un tercer líder C, que también teniendo la misma valoración global 32% favorables, 36% neutros y 32% desfavorables, muestra una asociación positiva con B; pero no con A. En consecuencia, lo más probable es asumir que tanto B como C son del mismo partido y de distinto del líder A.

Análisis de variables cuantitativas

Las variables cuantitativas también pueden estudiarse desde el punto de vista comparativo o desde la perspectiva de la asociación existente entre ellas. Por la naturaleza de los valores, en ambos aspectos hay más posibilidades de análisis con las variables cuantitativas que con las cualitativas.

Así, en la comparación entre variables cuantitativas pueden ponerse en contraste las medias, las medianas, los cuartiles, la varianza, la distribución, ...

De igual modo que con las variables cualitativas, puede procederse a realizar las comparaciones tanto numérica como gráficamente. Desde la primera perspectiva, se utilizan las pruebas de hipótesis. Se lanza una hipótesis, generalmente diciendo que dos variables tienen un mismo valor en el parámetro de la población, y con los datos muestrales se averigua la probabilidad de cometer de un error de tipo I (rechazar un hipótesis que sea cierta) y cuando ésta sea baja, entonces se asume la hipótesis llamada alternativa.

Las pruebas más clásicas en la comparación de estadísticos son la paramétricas. Están fundamentadas en la media o varianza de las variables y las tres más utilizadas son la t de Student para la comparación de dos medias, la F de Fisher para la contrastación de más de dos medias y el test de Levene para ver si las varianzas de distintos grupos son iguales o distintas. Junto a ellos hay decenas de tests no paramétricos, en los que los requisitos de las variables son menos exigentes, sirviendo en general para la comparación de variables de naturaleza ordinal.

No es éste el lugar para explicar todas y cada una de estas pruebas estadísticas. Sí, en cambio, es más propio la presentación de los gráficos que permiten la comparación de variables cuantitativas.

El gráfico más simple que permite la comparación de dos distribuciones cuantitativas es el de tallo y hoja bidireccional. A la izquierda se representa una de las distribuciones y a la derecha otra, utilizando ambas el mismo tallo. De este modo, se pueden realizar comparaciones no sólo de dos variables, sino también de una variable medida en muestras independientes.

```
Gráfico de tallo y hoja para edad.
Izquierda = Mujer
Derecha = Varón

                9999988888888 . 1 . 888888888888899999
 444333333333333222222221111000 . 2 . 000000001111111222222333333444444
999999888887777777666666555555 . 2 . 555556666777777788888899999
       4444444333222222111100000 . 3 . 000000011112222222222233333334444
    99999988888777777766665555 . 3 . 5566666666777888889999
      44444443333222221111100000 . 4 . 0000111233333334444
           9999888777766666655555 . 4 . 55566666666777888888899999
              443333322211110000 . 5 . 0001111222333444
             99888777766655555 . 5 . 55666678899
  444444433333222221110000000000 . 6 . 000001111222222233333333344444444
       99988888777776666666555555 . 6 . 555556667778888899
                 1333332221000 . 7 . 00112233344
                  998776666555 . 7 . 5555667889
                       4321100 . 8 . 0224&
                             & . 8 . 5
                               . 9 . &

Ancho del tallo: 10
Cada hoja: 2 casos
& indica hojas fraccionadas
```

Figura 40. Diagrama de tallo y hoja con dos variables

Un conjunto de gráfico útiles para la comparación de distribuciones es el que cruza en un eje de coordenadas cartesianas las proporciones (P-P) o los cuantiles (Q-Q). Principalmente, se utilizan para la comparación de una distribución empírica con otra teórica a fin de mostrar si la primera es similar a la segunda. En el caso de los gráficos (P-P), para cada valor de la variable que se contrasta se calcula su proporción acumulada empírica y la que tendría en caso de que se distribuyera normalmente con la media y la desviación típica halladas empíricamente. Dicho de otro modo, para cada valor tipificado de la variable se averigua su función de distribución y esto es lo que se representa en el eje de ordenadas (vertical), mientras que en el eje horizontal se representa la proporción acumulada correspondiente. De esta forma, si la distribución empírica se distribuye de acuerdo al modelo los puntos se alinearían en la diagonal del cuadrado. Así, en la figura 41, donde se representa el gráfico P-P de la variable edad, se ve claramente cómo la distribución no se ajusta a la recta.

Este mismo gráfico puede representarse utilizando en lugar de proporciones acumuladas su correspondientes cuantiles, que no son otra cosa que los valores que adoptan las variables en las determinadas proporciones acumuladas.

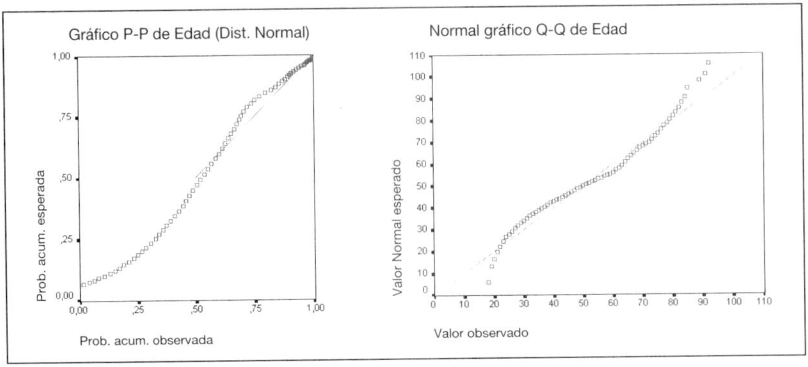

Figura 41. Gráficos P-P y Q-Q comparando una distribución con la normal.

Como puede observarse, la forma de la curva varía al cambiar la escala de proporciones a cuantiles. Esto no pasaría en el caso de distribuciones normales pues en dicho caso, todos los puntos tanto si se consideran proporciones como cuantiles estarían ubicados en la recta diagonal.

Uno y otro gráfico también podrían representarse poniendo en el eje de ordenadas, en lugar de los valores (proporciones o cuartiles) de la distribución normal, su desviación en relación con los de la distribución empírica, en cuyo caso, para decir que una variable se distribuye normalmente todos los puntos deberían ser próximos a 0 en la línea horizontal.

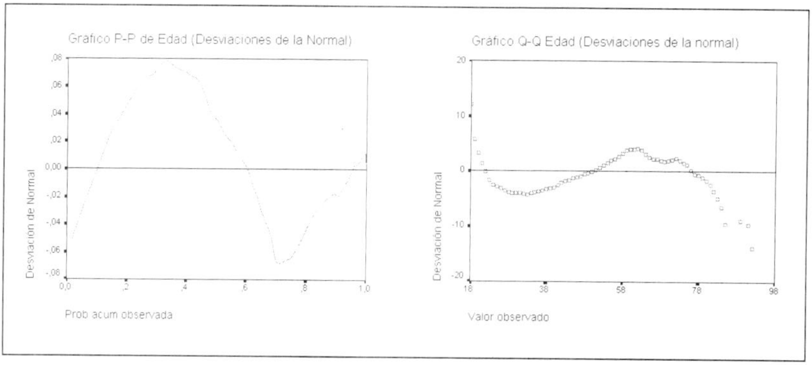

Figura 42. Gráficos P-P y Q-Q de la variable edad.

Para la construcción de estos gráficos se accede al menú de *Gráficos* donde existe las posibilidades independientes de gráficos P-P y Q-Q. En cada uno de ellos, se puede optar por la distribución mode'o con la que se quieren comparar los datos y el método para resolver la asignación del valor de P en caso de empate de valores. Por ejemplo, en la distribución de la edad, el primer valor corresponde al valor 18 y hay un 3,2% de personas con este dato, ¿le corresponde el valor P de 0, el de 3,2% o bien uno intermedio?

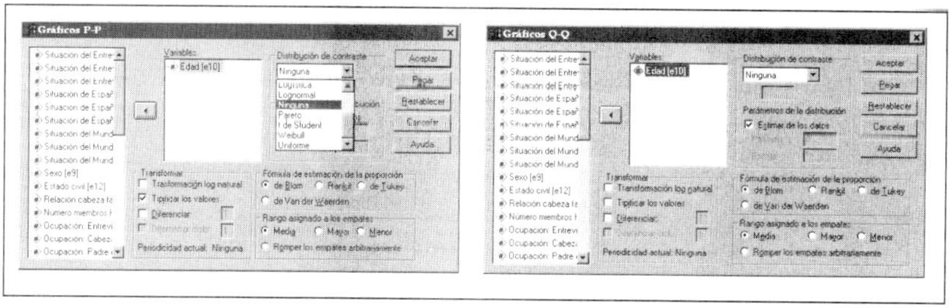

Figura 43. Cuadros de diálogo para los gráficos P-P y Q-Q.

Aunque menos preciso por los problemas derivados de la construcción de histogramas, otro modo alternativo de comparar una distribución con la normal es la superposición de su gráfico de frecuencias con el normal. Ello se obtiene pidiendo frecuencias de la variable cuya comparación se desea y marcando con una cruz la instrucción *Distribución Normal* dentro del menú de las opciones gráficas. Véase figura 44.

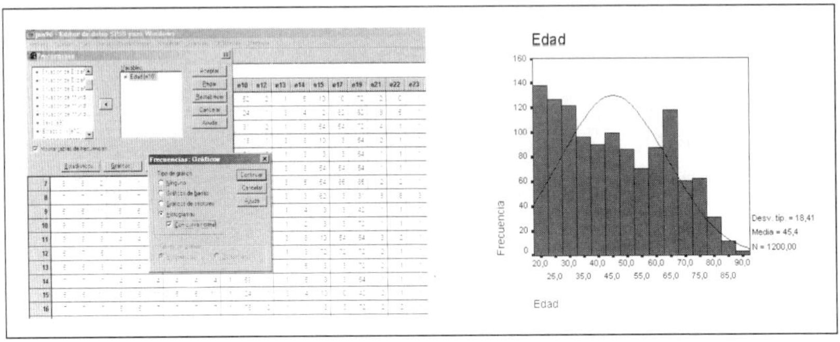

Figura 44. Comparación de un histograma con la distribución normal.

Además de la visualización gráfica, la adecuación de una distribución empírica de una variable continua a una distribución teórica puede realizarse mediante una prueba estadística.

La prueba más utilizada para el contraste de normalidad es el contraste de Kolmogorov-Smirnov-Lilliefors. Para poner en marcha este test, apropiado si los parámetros de la media y la desviación típica se obtienen de la muestra, se comparan las frecuencias relativas acumuladas empíricas y teóricas, eligiendo la mayor de ellas.

$$D_n = \max |P_i^* - P_i| \qquad (53)$$

En la tabla 16, se muestra su valor para la variable edad y a través de la significación correspondiente, se deduce claramente la no normalidad de su distribución.

Tabla 22. Prueba de Kolmogorov-Smirnov-Lilliefors

Pruebas de normalidad			
	Kolmogorov-Smirnov[a]		
	Estadístico	gl	Sig.
Edad	.089	1200	.000

[a] Corrección de la significación de Lilliefors.

Esta prueba de normalidad se puede obtener tanto en *Estadística/Pruebas no paramétricas/K-S de una muestra*, como en *Estadística/Resumir/Explorar/Gráficos*, teniendo ésta última la ventaja de obtener al mismo tiempo los gráficos Q-Q, que comparan la distribución acumulada normal con la empírica.

Hasta ahora se han contemplado los gráficos con los que se comparan las distribuciones de dos variables cuantitativas. Los que siguen a continuación se centran en determinados aspectos de las distribuciones como son medias, desviaciones típicas, errores típicos, niveles de confianza, medianas y cuartiles.

Los cuatro primeros estadísticos se representan adecuadamente a través de los gráficos de barras de error. Éstos pueden dibujar la media acompañada por la desviación típica o por el error típico y, consecuentemente, por el intervalo correspondiente a un determinado nivel de confianza.

La comparación de medias (y desviaciones o errores típicos) puede realizarse de dos modos: bien utilizando una misma variable para comparar su comportamiento en distintos grupos (muestras independientes). O utilizar distintas variables (muestras dependientes) para compararlas entre sí en uno o varios grupos.

Estos gráficos se consiguen mediante las instrucciones *Gráficos/Barras de error/Simple.* Tras ello, la opción *Resumir por grupos de casos* permite realizar un gráfico donde se comparan medias en muestras independientes (las configuradas por una variable discreta con pocos valores, que en la pantalla de introducción de datos figura como *sexo*). Pero, si se opta por la modalidad *Resumir distintas variables*, entonces permite la comparación entre varias variables (muestras dependientes), en concreto, todas aquellas que se introduzcan en el rectángulo denominado *Barras de error*. En ambas situaciones, muestras independientes y dependientes, las barras pueden representar la desviación o el error típico, en cuyo caso se puede concretar el multiplicador que los extiende, o el intervalo de confianza, en el que se puede modificar el porcentaje de su nivel.

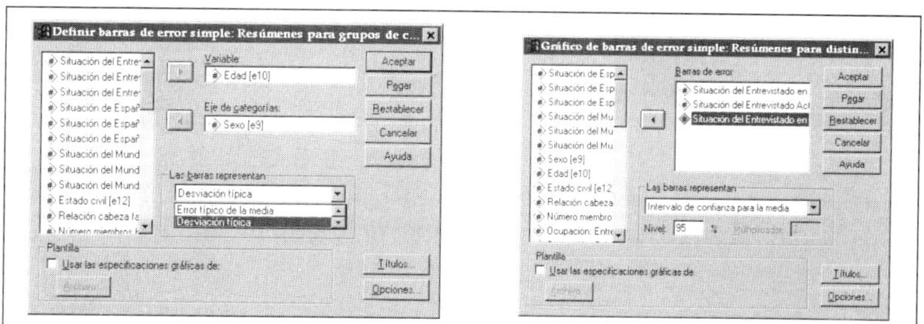

Figura 45. Cuadros de diálogos para diagramas de barras de error.

El resultado de estas instrucciones se expone en los gráficos de la figura 46. El de la izquierda representa dos desviaciones típicas de muestras independientes; el de la derecha compara las medias y errores típicos de tres variables.

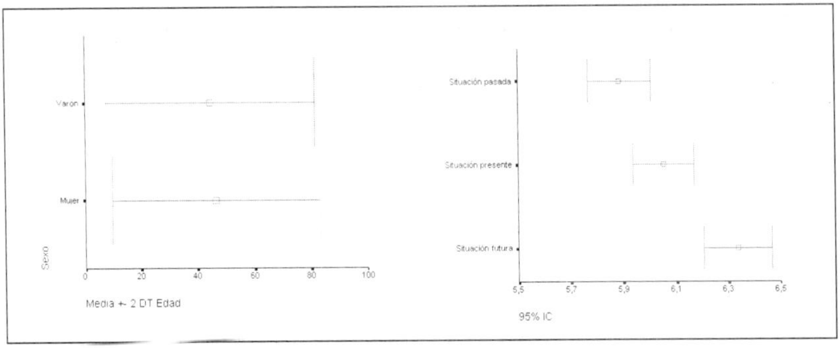

Figura 46. Diagramas de barras de error para grupos de casos y distintas variables.

Sin embargo, desde el punto de vista del análisis exploratorio es más común comparar, en lugar de medias y desviaciones o errores típicos, medianas y cuartos. Así, en vez de utilizar los gráficos de barras de error, se emplean los diagramas de caja. También estos gráficos pueden plantearse tanto para la comparación de varias variables en la misma muestra o para contrastar una única variable en distintas muestras independientes.

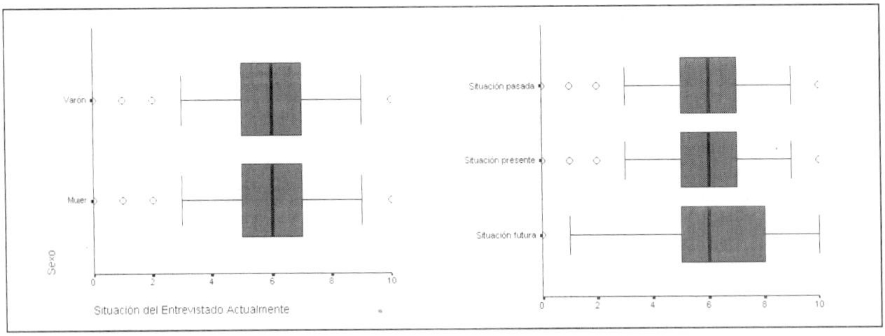

Figura 47. Diagramas de caja comparando grupos (izquierda) y variables (derecha).

Las cajas gráficas mostradas en la figura 47 presentan pocas diferencias en las variables, debido en parte a que son discretas y el cálculo de la mediana y los cuartos sólo se realiza con valores enteros. En la representación de la evaluación en una escala de 0 a 10 de la situación presente según sexo (gráfico de la izquierda) apenas se aprecia diferencia alguna ya que la mediana está ubicada en el punto 6 y los cuartos inferior y superior son respectivamente 5 y 7. Por consiguiente, todo valor por debajo de 3 es un caso atípico y todo caso con más de nueve también. El único cambio ocurre en el gráfico de la derecha, en la variable *evaluación de la situación futura*. En este caso los individuos son más optimistas en el futuro que en el pasado y en el presente, con lo que el cuarto superior se ubica en el valor ocho y la amplitud de rangos se hace más amplia, convirtiendo en atípicos sólo a aquellos individuos que valoran a la situación futura con un cero.

Para obtener estos gráficos se utilizan unas instrucciones similares a las que se emplean con las barras de error. Desde el menú *Gráficos/Diagramas de caja*, se opta por el gráfico *Simple* para después rellenar el botón *Resúmenes para grupos de casos*, si se desea mostrar una sola variable, o marcar el correspondiente a *Resúmenes para distintas variables*, si se pretende representar varias de ellas.

Para comparar las medias de una variable en distintos grupos se utiliza el análisis de varianza que se basa en la comparación entre la suma de las desviaciones cuadradas de los valores con respecto a la media general y la que tienen con respecto a la media de cada grupo. Se denomina suma total de cuadrados (STC) a la primera y suma interna de cuadrados (SIC) a la segunda. La diferencia entre ellas es la suma externa de cuadrados (SEC), que es un promedio ponderado de las diferencias al cuadrado entre las medias de cada grupo y la total:

$$STC = \sum_{j}^{J} \sum_{i}^{nj} (x_{ij} - \bar{x})^2 = SIC + SEC$$

$$SIC = \sum_{j}^{J} \sum_{i}^{nj} (x_{ij} - \bar{x})^2 \qquad (54)$$

$$SEC = \sum_{j}^{J} (\bar{x}_j - \bar{x})^2 n_j$$

siendo x_{ij} los valores de las variables en los J grupos, con n_j casos y media de $\bar{x}_j$ en cada uno de ellos.

Un ejemplo simple ayuda a aclarar esta descomposición de sumas de cuadrados. Sea un grupo con valores {2,4} y otro con valores {6,8}. De ellos derivan tres medias: la global (5) y las medias de cada uno de los grupos (3) y (7). La suma total de cuadrados sería 20 ($3^2+1^2+1^2+3^2$); la suma interna 4, pues los dos valores del primer grupo se alejan una unidad de su media y los dos del segundo se desvían también una unidad, y consecuentemente, la suma externa es 16 ($2[3-5]^2+2[7-5]^2$).

Sobre estas sumas se obtienen las medias cuadráticas, dividiéndolas por sus correspondientes grados de libertad, (J-1) para la externa y (n-J) para la interna. El cociente entre ambas da lugar a un estadístico que sigue la distribución F de Snedecor:

$$F=\frac{SCE/(J-1)}{SCI/(n-J)} \qquad (55)$$

Sin embargo, hay que tener una serie de cautelas en la aplicación de esta prueba estadística, porque uno de los supuestos del análisis de varianza es que los datos de cada grupo han de proceder de una población en la que posean idéntica dispersión (homocedasticidad). Para ello, los dos procedimientos más utilizados son el test de Levene y el gráfico de dispersión por nivel.

El primero emplea un análisis de varianza preliminar sobre las desviaciones absolutas, en lugar de con los valores. Hay distintas modalidades porque estas desviaciones pueden realizarse sobre la media, la mediana o la media recortada de su grupo. Siguiendo el ejemplo simple puesto para el análisis de varianza, los valores {2,4} {6, 8}, se convierten en {1,1} por un lado y {1,1}, por el otro y sobre estos datos se aplica el análisis de varianza, que en este caso ni tan siquiera cabe planteárselo por el escaso número de casos y porque todos los valores de las desviaciones son idénticos.

En la tabla 23 se muestra el resultado de aplicar este test en una muestra de 1200 casos a la relación entre la evaluación de la situación futura del entrevistado y la clase social. El resultado muestra diferencias no significativas de desviación entre las cuatro clases; por lo que se cumplen los supuestos de homocedasticidad para la aplicación del análisis de varianza.

Tabla 23. Test de Levene

Prueba de homogeneidad de la varianza					
		Estadístico de Levene	gl1	gl2	Sig.
Situación del entrevistado en el futuro	Basándose en la media	1.990	3	913	.114
	Basándose en la mediana	2.160	3	913	.091
	Basándose en la media recortada	2.120	3	913	.096

El segundo procedimiento consiste en la realización de un gráfico de dispersión (véase *infra*) en el que se presenta en el eje de abscisas el logaritmo de la mediana y en el de ordenadas el del rango intercuartílico. El que todos los puntos estén en una misma línea horizontal indicaría una igualdad de dispersión. A partir de esta representación puede encontrarse la pendiente de la recta que pase más cerca de los puntos con el criterio de mínimos cuadrados según (66). El valor complementario (1-b) de esta pendiente expresa la potencia a la que se tiene que elevar la variable cuantitativa a fin de eliminar la diferente dispersión o heterocedasticidad entre los grupos.

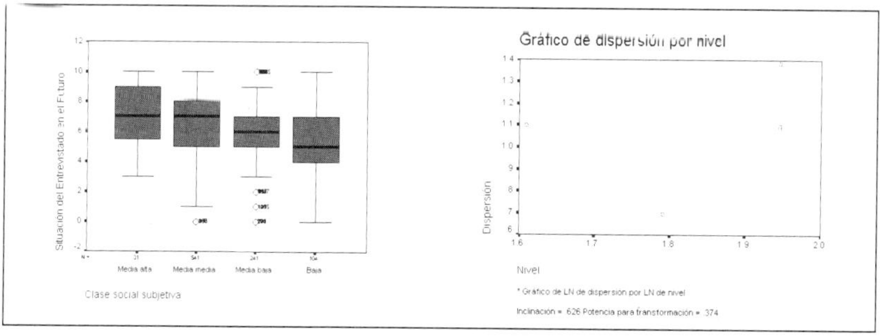

Figura 48. Comparación de dispersión por niveles.

Con los datos de la muestra de españoles mayores de 18 años, si se analiza la variable evaluación de la situación del entrevistado en el futuro por clase social, se ve cómo no sólo varía la media, sino también la dispersión. Por ello, el gráfico de dispersión por nivel indica una pendiente de .626 y, consecuentemente, la variable situación futura debería elevarse a la potencia de 0.374 para conseguir la homocedasticidad. Este es un método aproximativo que siempre debe contrastarse con nuevas pruebas de dispersión.

Ambos sistemas para detectar igualdad de dispersión entre los grupos se obtienen con la instrucción *Estadística/Resumir/Explorar/Gráficos* tras lo que aparece el siguiente cuadro de diálogo, en el que debe marcarse la opción de *Estimación de potencia.*

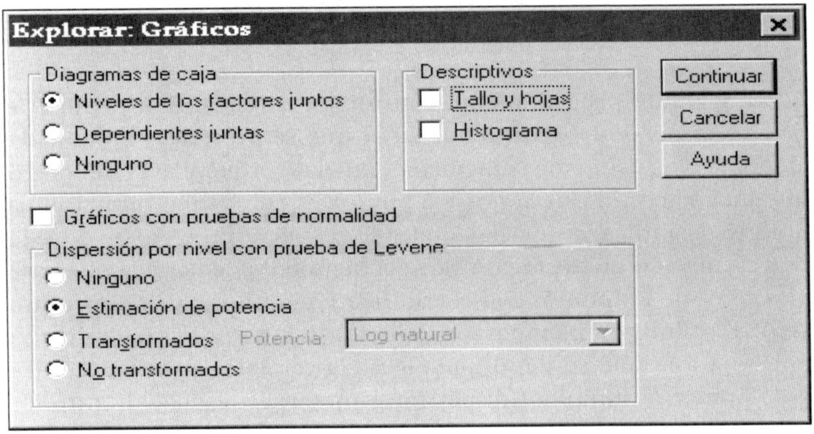

Figura 49. Cuadro de diálogo para obtener la prueba de Levene y el gráfico de dispersión por niveles.

Otro aspecto de atención en el análisis de las variables cuantitativas es el estudio de su asociación, pues mediante este tipo de técnicas se puede ver si existen relaciones de covariación. Se puede estudiar, por ejemplo, si la tasa de inflación es mayor o menor entre Francia y España; pero más interesante aún es ver si varían conjuntamente, esto es, si en los momentos en que en Francia es alta, también lo es en España, mientras que si baja en Francia también baja en España, o si, por el contrario, no están entre ellas relacionadas de modo que cada en cada uno de estos países la evolución de la inflación es independiente de la del otro. O, de otro modo, se puede comparar en un conjunto de países si, por término medio, la esperanza de vida de los hombres es distinta de la de las mujeres; el estudio de la asociación entre ambas variables, sin embargo, lo que trata de dilucidar es si aquellos países en los que viven más tiempo los hombres, son los mismos en los que también las mujeres tienen una esperanza de vida mayor. Incluso, la relación o asociación podría ser de distinto signo pues podría darse la situación en la que los casos que en una variable tienen valores más altos, en otra lo tienen más bajos. De este modo, la asociación entre la renta per cápita y la mortalidad infantil es inversa pues los países que tienen mejores niveles de ingresos suelen tener mejores condiciones sanitarias para sus recién nacidos, por lo que la tasa de mortalidad es menor.

El método más intuitivo para el estudio de la covariación entre dos variables cuantitativas es el gráfico de dispersión o nube de puntos, que consiste en un eje de coordenadas en el que, representando la variable (X) en el el eje de abscisas, la otra variable (Y) se ubica en el eje de ordenadas. En el espacio interior del gráfico se dibuja un punto por cada caso a una distancia horizontal proporcional al valor de la variable X y a una distancia vertical (Y) proporcional al valor de la variable Y; o dicho de otro modo, se trata de una proyección de tantos puntos como casos tenga la distribución sobre cada una de las dos dimensiones del gráfico. Puede obtenerse mediante la instrucción *Gráficos/dispersión/simple*, que genera el siguiente cuadro de diálogo:

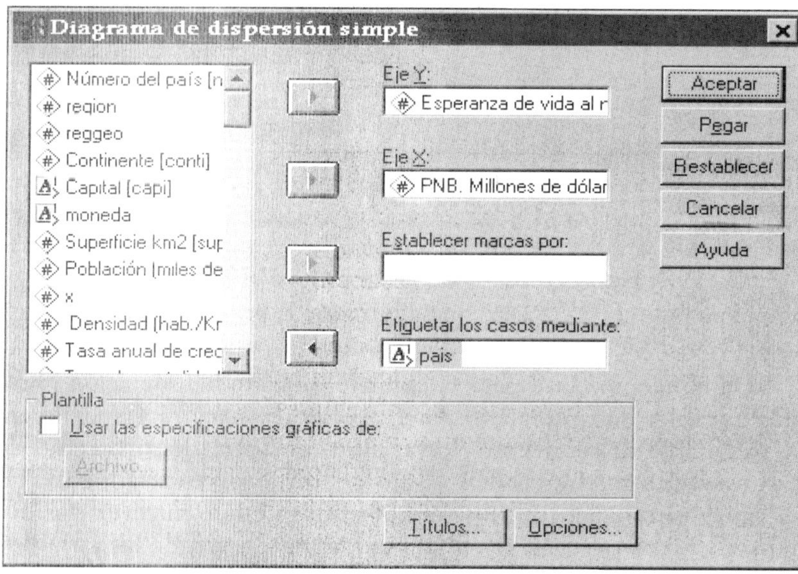

Figura 50. Cuadro de diálogo para gráficos de dispersión.

En la figura 51, están representadas dos variables para 33 países europeos de los que se posee ambos datos: horizontalmente está expuesta el *producto nacional bruto per cápita en unidades de poder de compra* y verticalmente la *esperanza de vida al nacer*. El rango de la primera se extiende desde los 1470 dolares per cápita de Georgia hasta los 37930 de Luxemburgo, el de la segunda, desde los 64 años de Rusia hasta los 79 de Islandia y Suecia. Se puede apreciar que los casos que tienen menores valores de renta, parecen también tenerlos en esperanza de vida. Incluso, al trazar dos líneas de referencia que representan las medias de cada una de las variables, resulta que todos los países con valor superior a la media en producto per cápita también tienen una esperanza de vida superior a la media, 73.9 años, y que, con sólo las excepciones de Portugal y Grecia, ningún caso de los que están por debajo del promedio del producto per cápita alcanza el valor medio de la esperanza de vida.

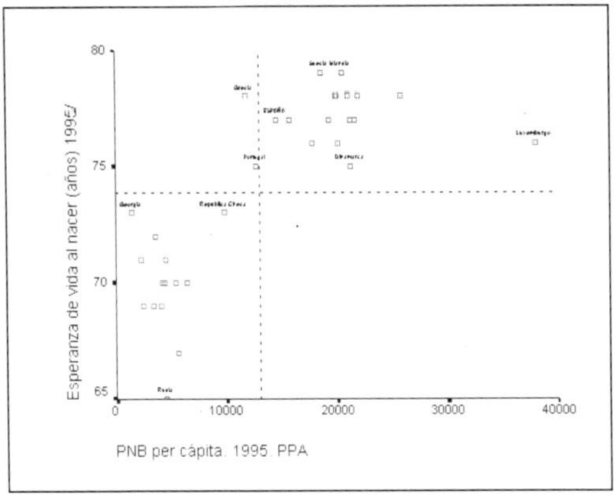

Figura 51. Nube de puntos de PNB per cápita y esperanza de vida al nacer.

Un concepto clave para la comprensión de la asociación entre dos variables de tipo cuantitativo es el de covarianza. Es fácilmente deducible del concepto de varianza, es decir, del promedio de las distancias cuadradas de los valores con respecto a la media. En el caso de trabajar con dos variables, se pueden entrever dos distancias con respecto a la media: una para cada una de las variables: $(x_i-\bar{x})$ e $(y_i-\bar{y})$. La covarianza es un promedio del producto entre estas dos distancias, que se expresa de esta forma:

$$S_{xy} = \frac{\sum_{i=1}^{n} (x_i-\bar{x})(y_i-\bar{y})}{n} \qquad (56)$$

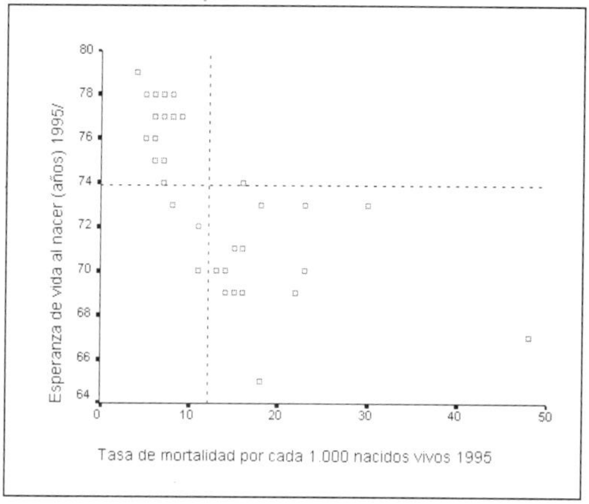

Figura 52. Nube de puntos de esperanza de vida y mortalidad infantil.

La covarianza puede adoptar cualquier valor positivo o negativo. Si se divide el gráfico en cuatro sectores por las medias aritméticas de cada una de las variables, es fácil advertir que los productos de las diferencias en los casos que están en el cuadrante superior de la derecha (por ejemplo, Luxemburgo) han de ser positivos pues tanto (x_i-$\bar{x}$) como (y_i-$\bar{y}$) son positivos. También los productos de las diferencias de los casos que se encuentran en el cuadrante inferior izquierda (Georgia) son superiores a cero porque las diferencias en X e Y son negativas. En cambio, los puntos o casos que se ubiquen en los cuadrantes superior izquierda (Portugal) e inferior derecha generan productos negativos pues una de las diferencias es positiva y la otra negativa. En este caso, como la mayor parte de los puntos se encuentran en cuadrantes con productos positivos, el sumatorio y, en consecuencia, la covarianza necesariamente ha de ser un valor por encima de cero.

Sin embargo, hay otras relaciones entre variables que son de distinto signo: son aquellas en las que son predominantes tanto los casos con valores superiores a la media en X, pero, a su vez, con valores por debajo de la media en Y; como aquellos con valores inferiores a la media en X, y al mismo tiempo superiores en Y. El gráfico de la figura 52 muestra una relación completamente distinta de la del párrafo anterior entre las variables mortalidad infantil y esperanza de vida al nacer. Es lógico esperar que los países con mayor mortalidad infantil, tengan una mayor esperanza de vida al nacer. En el gráfico, en consecuencia, la mayor parte de los puntos se concentran en el cuadrante superior izquierdo y en el inferior derecho.

Además de las rectas ortogonales a los ejes que representan a las respectivas medias de X e Y, todas las rectas que pasan por el punto ($\bar{x}$, $\bar{y}$) tienen una curiosa propiedad que es la de que la suma de las distancias de los puntos a estas rectas trazadas es igual a cero. Esto es evidente en el caso de las rectas ortogonales: en el caso de la recta vertical las distancias de los puntos a la recta se pueden expresar con la diferencia entre x_i y $\bar{x}$; y una de las propiedades de la media es que el sumatorio de estas diferencias es igual a cero. Por otro lado, la aplicación de esta propiedad a la recta horizontal también es evidente pues las distancias de los puntos a ella vienen indicada por la expresión y_i-$\bar{y}$, que por extensión tiene también las mismas propiedades que X.

Toda línea recta puede expresarse con la siguiente expresión:

$$y_i^*=a+bx_i \qquad (57)$$

en la que *a* indica el origen de la recta en la ordenada o, visto de otro modo, el valor de la variable y en el caso de que el valor de x_i sea 0 y *b* es la pendiente de la recta o también el incremento que experimenta la variable y cuando cambia una unidad la variable X.

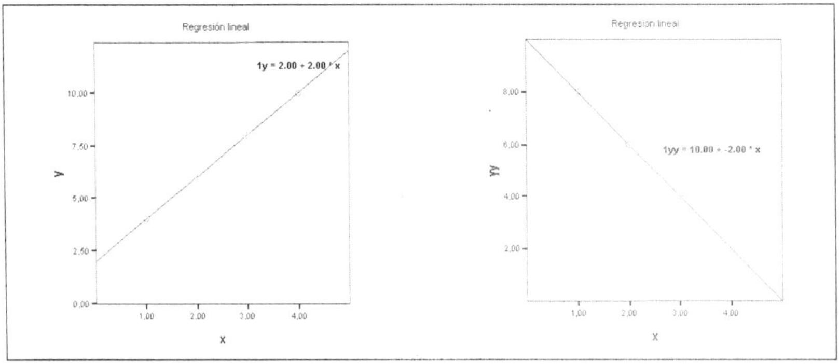

Figura 53. Modelos (positivo y negativo) de rectas de regresión.

En la figura 53 se representan dos líneas rectas con sus correspondientes ecuaciones. En la primera los valores de *a* y *b* son iguales a 2. En el primer caso significa que la recta nace en el punto 2 del eje vertical del gráfico y que *b* sea también 2 significa que a medida que X se va incrementando en una unidad, la renta va pasando por un valor de Y dos puntos superior. Así, cuando X es igual a cero, la variable Y posee el valor dos y en el caso de que x_i sea igual a 1, la variable Y adopta el valor cuatro; y se convierte en seis cuando X se incrementa en otra unidad. En la segunda ecuación, el valor de Y comienza siendo de 10 cuando X es 0 y va decreciendo 2 puntos (b=-2) cada vez que X aumenta una unidad, de modo que cuando X=5, el valor de Y es 0.

En ambos casos todos los puntos representados pasan por la recta; pero cuando se tienen datos empíricos como es la situación de la figura 51 ó 52, no es posible trazar una recta que pase por todos los puntos del gráfico de dispersión. Hay determinadas discrepancias a las que se denominan término de error (ϵ_i). Operativamente este valor se define como la diferencia entre el valor real de y_i y el valor en que se encuentra en la recta y_i^*:

$$\epsilon_i=y_i-y_i^*=y_i-(\alpha+\beta x_i) \qquad (58)$$

Si en una población se da una relación lineal entre dos variables y se cumplen las siguientes condiciones:

1) Los errores se distribuyen normalmente.

$$\epsilon_i=N(0,\sigma) \qquad (59)$$

2) Los errores son estadísticamente independientes tanto entre sí como de la variable independiente:

$$\begin{aligned} &Cov(\epsilon_i,\epsilon_j)=0,\ i\neq j \\ &Cov(\epsilon_i,X_i)=0 \end{aligned} \qquad (60)$$

y 3) Los errores tienen un promedio de cero y la misma distribución para cada valor de la variable independiente:

$$\begin{aligned} &E(\epsilon_i)=0 \\ &Var(\epsilon_i|X_i)=E(\epsilon_i^2)=\sigma^2;\ \forall X_i \end{aligned} \qquad (61)$$

entonces, se pueden obtener adecuados estimadores de α y ß en la población utilizando el criterio de mínimos cuadrados con los datos muestrales. Este criterio se basa en la elección de la recta en la que la suma de los residuos al cuadrado (e^2_i) sea mínima. Este método recibe el nombre de mínimos cuadrados ordinarios. Se trata en consecuencia de encontrar la recta que cumpla con la siguiente condición:

$$\sum (Y_i - Y_i^*)^2 = \sum e_i^2 = mínima \qquad (62)$$

Esta suma de cuadrado de residuos se la conoce también como suma de residuos cuadrados y se la denominará a partir de este momento como SRC.

Para obtener los estimadores a y b que cumplan el criterio de minimización de esta suma (en adelante MCO, *mínimos cuadrados ordinarios*) hay que construir las primeras derivadas parciales con respecto a ambos e igualarlas a cero. Como primer paso, se desarrolla la fórmula de la suma de residuos cuadrados:

$$\begin{aligned} SRC &= \sum_{i=1}^{n} (Y_i - Y_i^*)^2 = \sum_{i=1}^{n} (Y_i - a - bX_i)^2 = \\ &= \sum_{i=1}^{n} Y_i^2 - 2a\sum_{i=1}^{n} Y_i - 2b\sum_{i=1}^{n} X_i Y_i + na^2 + 2ab\sum_{i=1}^{n} X_i + b^2\sum_{i=1}^{n} X_i^2 \end{aligned} \qquad \mathbf{(63)}$$

Y, a partir de este desarrollo, se aplica las derivadas parciales con respecto a sendos estimadores (*a* y *b*).

$$\begin{aligned} 0 &= \frac{\partial SRC}{\partial a} = -2\sum_{i=1}^{n} Y_i + 2na + 2b\sum_{i=1}^{n} X_i \\ 0 &= \frac{\partial SRC}{\partial b} = -2\sum_{i=1}^{n} X_i Y_i + 2a\sum_{i=1}^{n} X_i + 2b\sum_{i=1}^{n} X_i \end{aligned} \qquad (64)$$

Despejando ambas fórmulas, el cálculo de *b* y *a* se consigue mediante las siguientes expresiones:

$$\begin{aligned} b &= \frac{n\sum_{i=1}^{n} X_i Y_i - \sum_{i=1}^{n} X_i \sum_{i=1}^{n} Y_i}{n\sum_{i=1}^{n} X_i^2 - (\sum_{i=1}^{n} X_i)^2} \\ a &= \bar{Y} - b\bar{X} \end{aligned} \qquad (65)$$

Sin embargo, la primera de ellas, puede simplificarse del siguiente modo:

$$b = \frac{S_{XY}}{S_X^2} \qquad (66)$$

Es decir, el coeficiente *b* de la regresión se obtiene mediante el cociente entre la covarianza de X e Y y la varianza de X. Como esta última es positiva por definición, el estimador *b* es siempre positivo cuando la covarianza es positiva (recuérdese que esto ocurría cuando la mayor parte de los puntos se ubicaban en el cuadrante superior derecho e inferior izquierdo). Y, a su vez, *b* es negativo cuando la covarianza también lo es (y ello sucede cuando el área mayor que forman los puntos en sus distancias a la media de X e Y corresponde a los cuadrantes superior izquierda e inferior derecha).

Ahora, por tanto, ya se está en condiciones de trazar las rectas que pasan más cerca de los puntos de los gráficos mostrados en la figura 54:

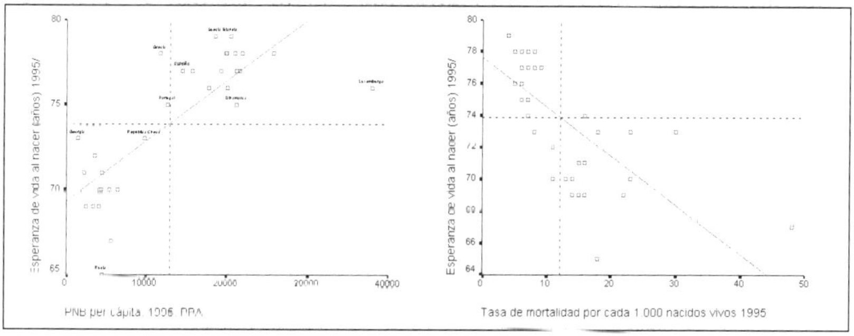

Figura 54. Ejemplos de regresión lineal con la esperanza de vida al nacer.

Como no todos los puntos pasan por la línea, se construye un índice de la bondad de la recta, es decir, del grado de relación lineal existente entre dos variables. Para ello, se compara la suma de residuos cuadrados (SRC) con la suma total de cuadrados de la variable dependiente (STC).

$$STC = \sum_{i=1}^{n} (Y_i - \bar{Y})^2 \qquad (67)$$

Es evidente que la suma de residuos cuadrados es tanto más alta, cuanto más se desvían los puntos de la recta. Por ello, se construye un coeficiente de determinación (R^2), que es el complementario del cociente entre la SRC y la STC.

$$R^2 = 1 - \frac{SRC}{STC} \tag{68}$$

Si la suma de los cuadrados de los residuos es igual a cero; entonces este coeficiente adoptará el valor de 1, indicando la completa adecuación de los puntos a la recta; en cambio, si la SRC es igual a la STC, lo que ocurre cuando la recta de regresión coincide con la recta de la media, es porque no existe ninguna relación lineal entre las dos variables representadas.

Este coeficiente de determinación también puede ser calculado como un mero cociente entre la llamada suma de cuadrados de la regresión y la suma total de cuadrados. La suma de cuadrados de la regresión viene indicada por la diferencia entre los valores proporcionados por la regresión y los que indica el valor medio de la variable dependiente (Y).

$$SCR = \sum_{i=1}^{I} (Y_i^* - \bar{Y})^2 \tag{69}$$

En definitiva, la suma total de cuadrados de la variable dependiente se puede descomponer en una parte explicada por la regresión (SCR) y otra residual, caracterizada por la diferencia existente entre los puntos reales del diagrama de dispersión y los puntos que conforman la recta.

$$STC = SCR + SRC$$

$$\sum_{i=1}^{n} (Y_i - \bar{Y})^2 = \sum_{i=1}^{n} (Y_i^* - \bar{Y})^2 + \sum_{i=1}^{n} (Y_i - Y_i^*)^2 \tag{70}$$

Y el coeficiente de determinación indica la proporción que representa la suma de cuadrados de la regresión sobre el total de variación de la variable dependiente.

$$R^2 = 1 - \frac{SRC}{STC} = \frac{STC - SCR}{STC} = \frac{SCR}{STC} \tag{71}$$

SUPUESTOS DE LA REGRESIÓN

1) Normalidad de los residuos. Para probar si los residuos se distribuyen normalmente, se pueden utilizar los mismos procedimientos que se emplean con cualquier variable, pues en realidad los residuos adoptan un valor por cada uno de los casos de los que dispone una distribución. Por tanto, se puede ver con los índices de simetría y apuntamiento si la distribución se conforma con los patrones de la normal, también se puede construir gráficos de comparación de distribuciones o emplear algún test de normalidad.

Empleando el ejemplo de una de las regresiones mostradas anteriormente (la que pone en relación la tasa de mortalidad infantil con la esperanza de vida), se puede comprobar con un mero examen de los gráficos de comparación cómo los residuos no se distribuyen normalmente.

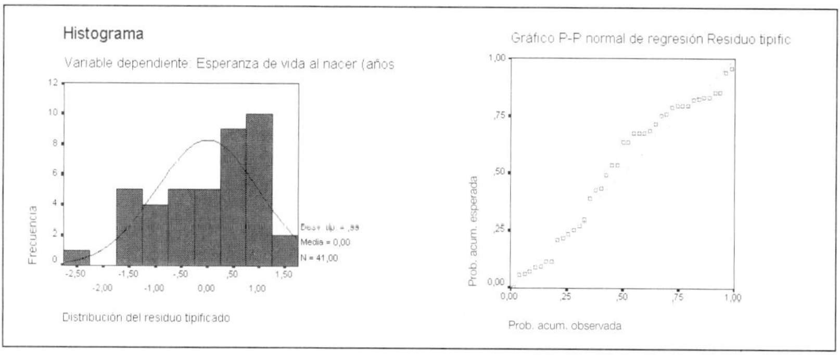

Figura 55. Gráficos para comprobar la normalidad de los residuos de la regresión.

En ambos gráficos, especialmente en el de la izquierda, puede colegirse la no normalidad de los residuos. Una de las posibles causas de que no lo sean es que las variables de la regresión no sean simétricas. Por ello, antes de haber hecho la regresión sería conveniente examinar la distribución de cada una de las variables:

Es apreciable en la tabla 18 y en la figura 56 que la tasa de mortalidad se desvía en gran medida de la normalidad. Su alto coeficiente de asimetría (2.24) hacia la derecha hace sugerir que se le aplique una transformación no lineal con potencia inferior a la unidad (véase página 65). Elegido q=0 y aplicando, por ello, el logaritmo neperiano a la variable original, se obtiene una nueva variable con una distribución notablemente más simétrica.

Tabla 24. Estadísticos descriptivos de esperanza de vida y tasa de mortalidad

	n	Media	Desv. típ.	Asimetría	Curtosis
Esperanza de vida al nacer (años) 1995	41	73.8780	3.7629	-.427	-.916
Tasa de mortalidad (1995).	41	12.0976	8.4759	2.235	7.099

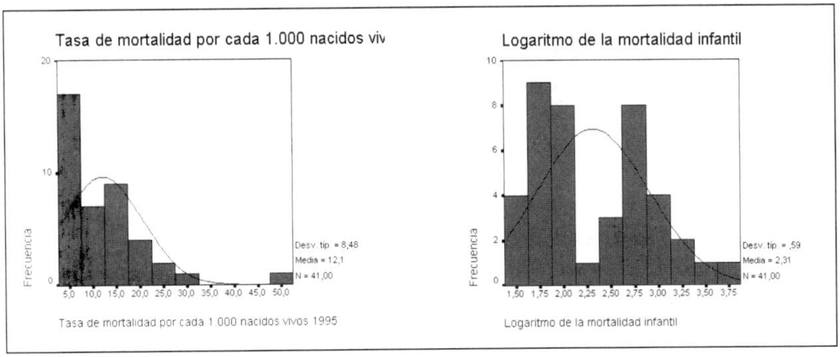

Figura 56. Residuos de la regresión con la tasa de mortalidad y con su logaritmo.

Si, en lugar de la variable tasa de mortalidad, se introduce en la regresión su logaritmo, entonces aumenta la bondad de ajuste de la nueva recta (desde un R^2 de 0.48 hasta otro de 0.65) y los residuos adquieren una distribución más próxima a la normalidad.

Esta operación de realizar una transformación no lineal en una de las variables de la regresión implica, en definitiva, el ajuste de una curva entre las dos variables originales. En la figura 57 está representada la nube de puntos empírica y unidos por líneas los puntos de los valores pronosticados por la regresión utilizando el logaritmo de la variable independiente.

2) Independencia de los residuos: El estadístico más conocido para detectar la correlación entre residuos es el de Durbin-Watson, cuyo cálculo responde a la siguiente fórmula:

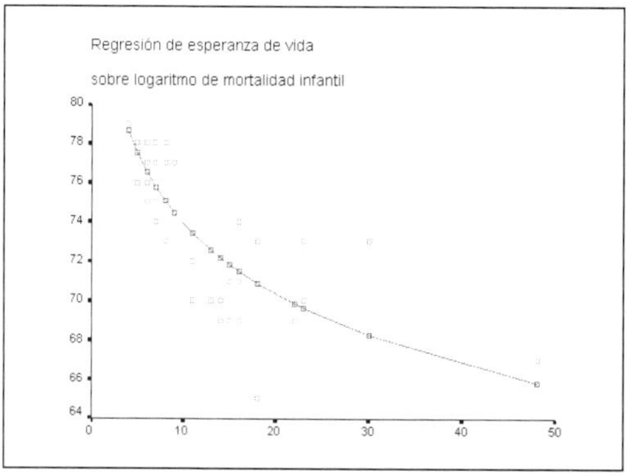

Figura 57. Ajuste de regresión no lineal.

$$d=\frac{\sum_{i=2}^{n}(e_i-e_{i-1})^2}{\sum_{i=1}^{n}e_i^2} \qquad (72)$$

Aunque este estadístico es especialmente recomendable aplicar cuando la variable independiente es el tiempo, su fácil cálculo permite obtenerlo siempre. En la regresión lineal, en el apartado de estadísticos, si se marca el cuadro titulado Durbin-Watson, se obtiene al lado de la R^2 su valor (tabla 25); aunque no su significación para lo que hay que acudir a las tablas. Hay que advertir que este coeficiente, aunque sea de correlación y más exactamente de autocorrelación, siempre es positivo y que mientras más bajo mayor indicio de correlación. En concreto, en los resultados de la regresión de países, el coeficiente de Durbin-Watson da un valor de 1.70 y en las circunstancias de disponer una sola variable independiente y 41 casos, sólo en el caso de que el coeficiente fuera menor que 1.44 habría indicios seguros de autocorrelación.

Tabla 25. Coeficientes de correlación entre esperanza de vida y el logaritmo de la mortalidad infantil

Modelo	R	R cuadrado	R cuadrado corregida	Error típico de la estimación	Durbin-Watson
1	.809	.654	.646	2.2402	1.702

3) Los errores tienen la misma varianza para cada valor de la variable independiente.

Una vez efectuada una regresión, puede estudiarse la relación entre los residuos y la variable independiente o los valores predichos. Utilizar una u otros es indistinto en la medida que los últimos son una combinación lineal de la variable original. La obtención del gráfico es inmediata a través del submenú gráficos que se encuentra en el procedimiento de la regresión lineal:

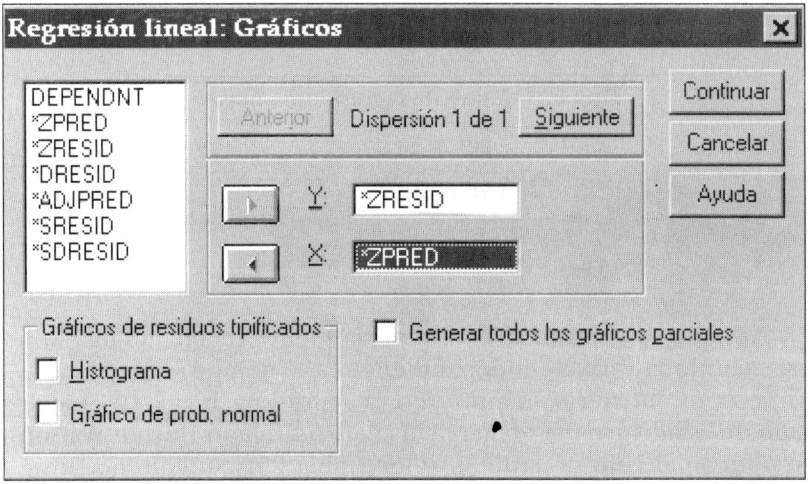

Figura 58. Cuadro de diálogo para gráficos de diagnóstico de la regresión.

En la pantalla *Regresión lineal: Gráficos* hay que colocar en el eje Y la variable ZRESID, es decir, los residuos típicos; mientras que en el eje X se ha de ubicar los valores predichos, preferiblemente en formato típico, esto es, con media y desviación típica de 1.

El examen de estos gráficos permite detectar la existencia de problemas en la regresión. Especialmente, los temas de heterocedasticidad y la existencia de correlación entre los valores de X_i y los residuos. Es preciso ver si no hay una especial pauta de relación entre unos y otros. Sin embargo, la mayor parte de las veces, la presencia de abundantes casos en la nube de puntos impide sacar certeras conclusiones sobre si existe o no varianzas desiguales para los distintos niveles de X, o si existe una relación lineal entre residuos y valores de las variables independientes.

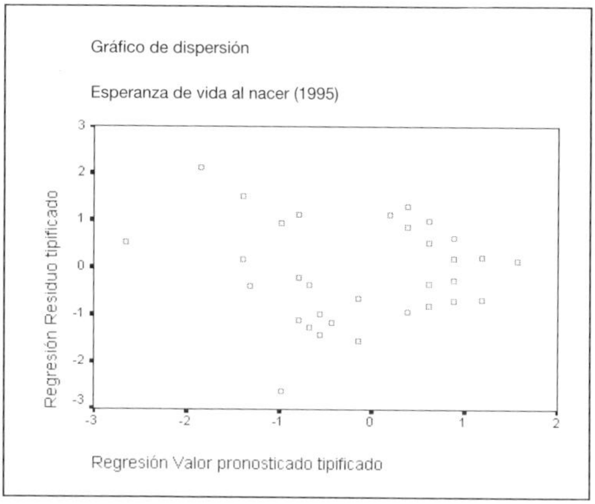

Figura 59. Cruce de residuos por valores esperados de una regresión.

En la figura 59, como ejemplo, se muestra cómo la varianza de los residuos va disminuyendo a medida que los valores de los valores predichos se hacen más altos. Este problema conlleva sesgo e ineficiencia a las estimación del error típico de la regresión.

Otro problema con los residuos es cuando se produce una pauta de relación de éstos con los valores de la variable independiente o, consecuentemente, el valor predicho de la regresión. Así, en la figura 60, se observa una tendencia clara a que los residuos sean negativos en los valores altos de la variable de valores predichos, mien-

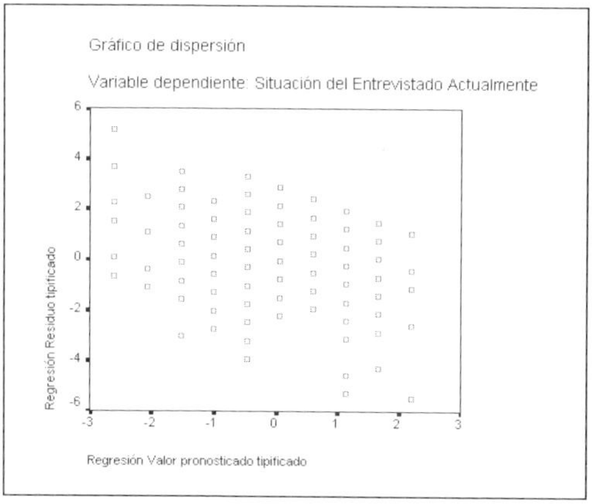

Figura 60. Gráfico de residuos por valores predichos.

tras que tienden a ser positivos cuando los valores teóricos están por debajo de la media.

RELACIONES NO LINEALES

Para estudiar la relación entre dos variables de tipo cuantitativo no sólo hay que pensar en la relación lineal. De hecho, ya se ha visto cómo en la asociación entre la esperanza de vida y la mortalidad infantil, éstas no se relacionan linealmente, sino que más bien se ajustan a un modelo en el que los cambios en los años de vida de los sujetos están determinados por cambios relativos en la mortalidad infantil. Se podría interpretar esta relación diciendo que un descenso de la mitad en la tasa de mortalidad infantil supone la elevación en un determinado número de años (o meses en la esperanza de vida).

Podemos clasificar las relaciones no lineales en cinco tipos principales: logarítmicas, inversas, polinómicas, logísticas y posicionales.

1) En las primeras, se realiza sobre alguna de las variables de la regresión una transformación logarítmica. Puede, a su vez, clasificarse en tres tipos:

1.1) Modelos log-log (potencia): se trabaja con ambas variables (dependiente e independiente) transformadas en sus correspondientes logaritmos. Cuando se obtiene la regresión el coeficiente b indica el cambio relativo que implica en la variable dependiente un cambio relativo de la independiente. Dicho de otra forma, si la pendiente es igual a 2, ello implicaría que cuando el valor de X se dobla, el de Y se cuadruplica.

$$\ln(Y)=a+b*\ln(X) \Rightarrow Y=\exp(a)*X^b \qquad (73)$$

Cuando b es negativo, la variable Y decrece a medida que aumenta la variable X; pero cada vez menos.

Si b es 0 la línea de la función es paralela al eje de abscisas, pues todos los casos adoptarán el valor de exp(a).

Si b se encuentra entre 0 y 1, la curva es ascendente: Y crece a medida que lo hace X, pero al principio crece más para después suavizarse la importancia de un cambio en X.

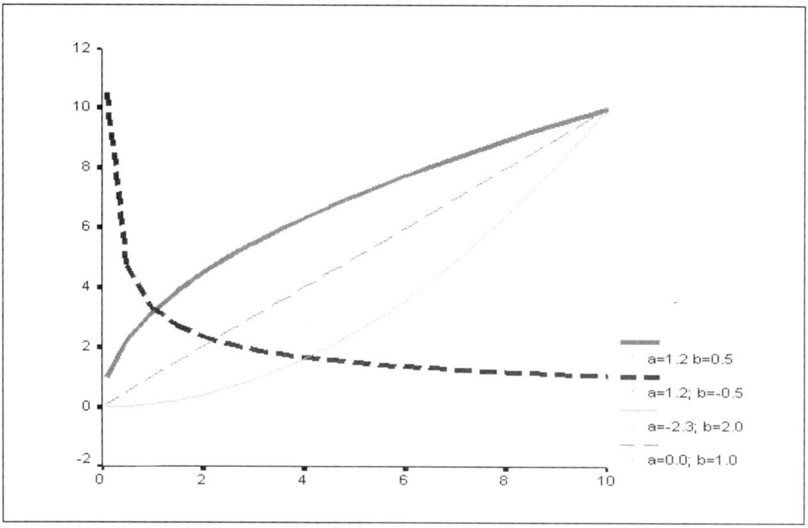

Figura 61. Funciones log-log.

Cuando *b* es igual a 1, la relación entre X e Y es lineal, con origen en 0 y pendiente igual a exp(a).

Finalmente, en las ecuaciones en las que *b* es superior a 1, también hay relación positiva entre X e Y, pero a medida que crece X, su influencia sobre Y también crece de forma más acusada.

1.2) Modelos log-lin (exponencial): se transforma la variable dependiente, pero no así la variable independiente.

$$\ln(Y)=\ln(a)+b*(X) \rightarrow Y=a*e^{bX} \qquad (74)$$

Indica el cambio relativo que implica el aumento en una unidad de la variable X. Por cada unidad que cambia la variable independiente el valor de Y, en lugar de añadírsele una constante como es el caso de la regresión lineal, se multiplica por una constante, que es el antilogaritmo del coeficiente *b*. Por ejemplo, si el coeficiente *b* es igual a 0,6931; entonces por cada unidad que crece X, el valor de la variable Y se duplica, pues exp(0,6931)=2.

Cuando *b* es 0, como en las ecuaciones log-log, la función es paralela al eje de abscisas.

Que *b* sea negativo, implica un decrecimiento de la variable Y;

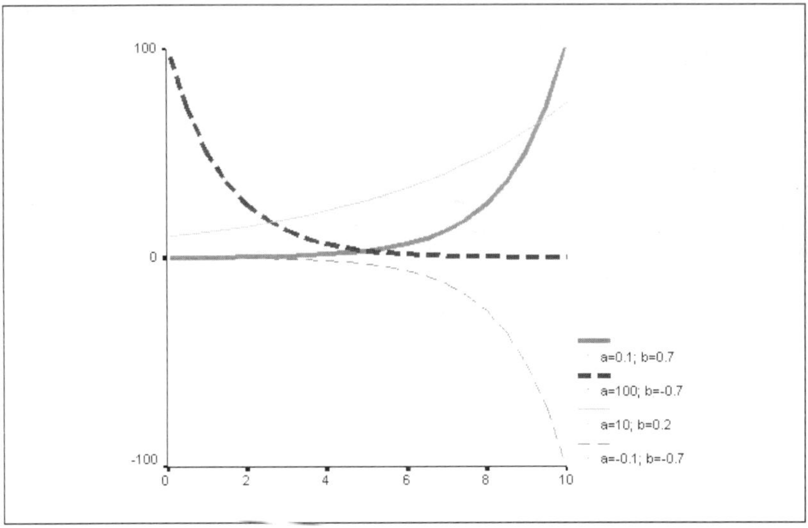

Figura 62. Funciones log-lin.

mientras que si *b* es positivo los valores de Y aumentarán a medida que también crecen los de X. Además, el crecimiento (decrecimiento) de la curva será al final (principio) tanto más pronunciado cuanto más alto (bajo si es negativo) sea el coeficiente *b*. Por otro lado, el parámetro o coeficiente *a*, es un multiplicador de los valores de Y, por lo que si es negativo refleja la distribución al otro lado del eje de abscisas.

Todo ello se ve claramente en la figura 62: las dos primeras curvas tienen *a* positivo y *b* igual a 0.69, pero una positivo y otra negativo; por ello, mientras la una asciende la otra desciende. Comparada con la tercera curva, que tiene un coeficiente *b* menor, en ésta se nota un menor pronunciamiento del ascenso de la curva. Y, comparada la primera curva con la última, entre las que sólo les diferencia el signo del coeficiente *a*, se ve cómo son simétricas en relación con el eje horizontal del gráfico.

1.3) Modelos lin-log (logarítmico): en este caso, la variable transformada logarítmicamente es sólo la variable independiente, quedando los valores de la variable dependiente inalterados. El coeficiente de regresión significa, en consecuencia, el valor absoluto en el que se incrementa la variable Y, cuando X sufre un determinado cambio relativo:

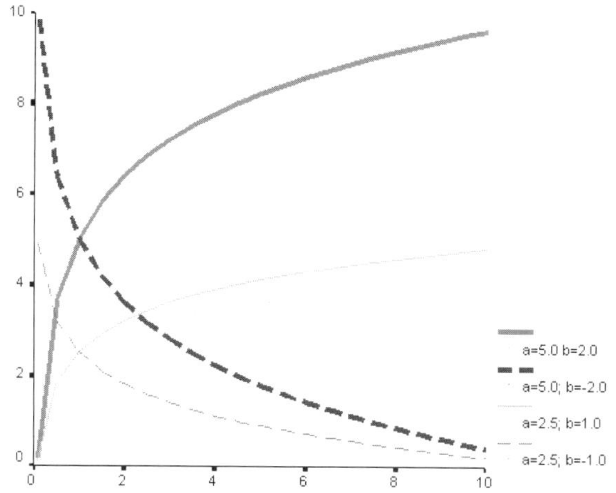

Figura 63. Funciones lin-log.

Consecuentemente, cuando *b* es positivo, a medida que crece X, también aumenta Y; pero cada vez a un ritmo menor. En cambio, si *b* es negativo, Y disminuye cuando X crece; haciéndolo también a ritmo menor mientras mayores sean los valores de X. Expresado con números empíricos, el incremento de Y es idéntico (1.4 unidades en la primera ecuación de la figura 63), tanto desde el valor 2 de X hasta el 4, como desde el valor de 4 hasta el de 8.

Dado que el logaritmo de 1 es cero, el valor del coeficiente *a* representa en estas ecuaciones el valor que adopta la variable Y cuando la variable X tiene el valor uno, en lugar del valor cero de la regresión lineal.

Un ejemplo de adecuado ajuste lineal-logarítmico es la relación entre la mortalidad infantil y la esperanza de vida (véase figura 57). Ésta disminuye drásticamente si aumentan los valores bajos de la mortalidad infantil; pero a partir de una determinada tasa de mortalidad infantil la esperanza de vida, aun diminuyendo, lo hace a un ritmo bastante menor.

2) En las relaciones inversas la variable independiente entra en la ecuación de regresión transformada según la función 1/X. Por ello, la ecuación que las caracteriza posee la siguiente forma:

$$Y = a + b^* \frac{1}{x} = a + \frac{b}{x} \qquad (75)$$

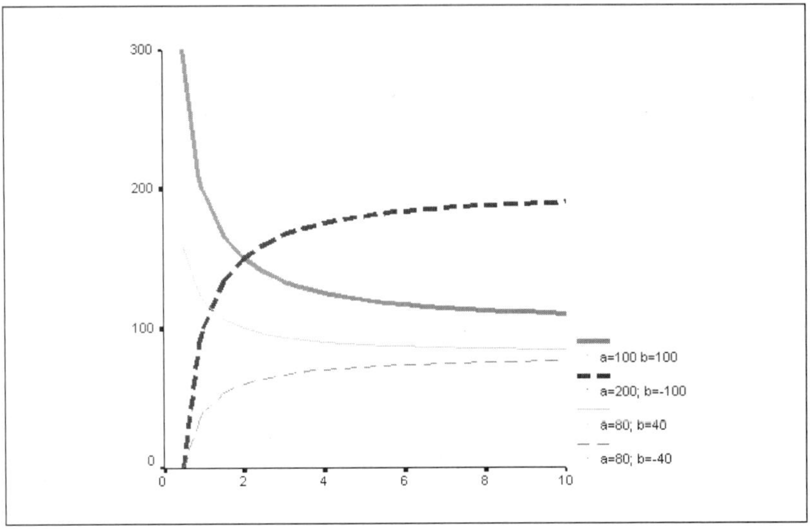

Figura 64. Funciones inversas.

Son muy similares a las funciones log-lin en cuanto a forma. Compárese las figuras 63 y 64. Frente a ella, tienen la ventaja de que sigue siendo utilizable incluso con valores negativos de X, pues en las log-lin esto no es posible porque los números negativos carecen de logaritmos. Sin embargo, no está definida la función para el valor cero de X, en cuyo caso el valor de Y asciende a infinito.

Cuando *b* es positivo, la función inversa hace que los valores de Y sean menores a medida que X crece. El punto mínimo de descenso de la variable dependiente es el valor del coeficiente *a*. En los valores bajos de X, el descenso de Y es muy pronunciado, mientras que para valores altos de la variable independiente sucede lo contrario: la variable Y disminuye sus valores de modo muy suave.

Si *b*, en cambio, es negativo, ocurre que a medida que se incrementa X, mayor es la variable dependiente. El punto máximo de crecimiento coincide con el valor del coeficiente *a*. Cuando X es bajo, Y varía sensiblemente con pequeños cambios de X, mientras que si X es alto, la sensibilidad del cambio en Y es mucho menor.

En la figura 64, se muestran cuatro funciones inversas con distintos coeficientes. La primera y la tercera tienen el b positivo (100 y 40 respectivamente); por eso, van desde arriba en los valores próximos a cero hasta el valor de a (100 y 80 respectivamente). Por el contrario, la segunda y la cuarta son ascendentes por cuanto poseen el coeficiente b negativo, alcanzando sus máximos también en sus correspondientes coeficientes a (200 para la segunda, 80 para la última).

3) Las relaciones polinómicas entre variables son aquellas cuya fórmula general se adecua a la siguiente expresión:

$$Y = b_n X^n + b_{n-1} X^{n-1} + \ldots + b_1 X + a \quad (76)$$

3.1) La relación lineal es un caso específico de relación polinómica en el caso de que n=1. Aparte de ella, que ya ha sido estudiada con detenimiento anteriormente, las más empleadas son la cuadrada (n=2) y la cúbica (n=3).

3.2) En una relación cuadrada, la relación entre X e Y se efectúa conforme a la siguiente función:

$$Y = a + bX + cX^2 \quad (77)$$

donde X es la variable independiente, Y la dependiente y a, b y c coeficientes constantes.

Es una función no monótona. Lo que implica que no siempre baja o sube la variable dependiente a medida que cambia en una dirección la independiente. Puede ocurrir que en el paso de una X de 3 a 4 la función arroje un incremento en Y; pero que de 4 a 5 suponga una disminución en la variable dependiente. La dirección de la relación entre ambas variables dependerá exclusivamente del valor del coeficiente c:

Si c es positivo, en los valores mayores de la variable independiente se encontrará una relación directa entre X e Y, es decir, a más de la una más también de la otra; en cambio, en los valores menores de la variable independiente se encontrará una relación inversa entre las dos variables, esto es, a más de la una, menos de la otra.

En cambio, si c es negativo, en los valores mayores de X habrá una relación inversa entre X e Y; mientras que en los valores menores de la variable independiente, la relación entre las dos variables será directa.

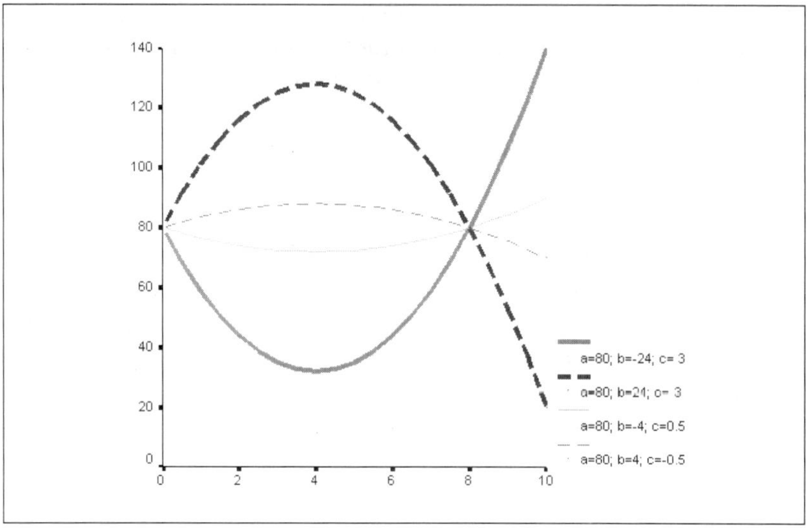

Figura 65. Funciones cuadradas.

Ello quiere decir que la curva cuadrática, tiene un vértice a partir del cual cambia el tipo de relación entre las dos variables de la función. Este punto de partida se deduce a partir de la derivada de la función:

$$f'(X)=2cX+b$$
$$0=2cX+b \Rightarrow X=-b/2c \qquad (78)$$

Por consiguiente, el valor de X = –b/2c es el vértice de la función cuadrática, implicando que las relaciones entre X e Y son de distinto signo antes y después del mencionado punto.

En la figura 65, se perciben varias características de la función cuadrática. En primer lugar, todas comienzan en el punto 80, pues en las cuatro representadas el coeficiente a tiene ese valor. Dos de ellas comienzan de modo ascendente para terminar descendiendo. Son las que tienen un coeficiente *c* negativo. En contraste, las que lo tienen positivo empiezan descendiendo y finalizan ascendiendo.

También hay que notar que aquéllas con valor absoluto de *c* mayor, tienen curvatura más pronunciada. Y, especialmente, cabe señalar que las cuatro parábolas poseen el vértice en el mismo valor de X. Esto es debido a que en las cuatro el cociente -b/2c es idéntico e igual a cuatro, que es donde todas las curvas cambian de orientación.

3.3) Otra relación polinómica de posible aplicación para el ajuste de datos es la cúbica. Su comportamiento responde a la siguiente función:

$$Y = a + bX + cX^2 + dX^3 \qquad (79)$$

En esta relación entre los valores de X e Y se pueden encontrar hasta dos vértices. Es particularmente útil cuando se encuentran relaciones oscilantes; pero la complejidad de su interpretación no hace recomendable su uso.

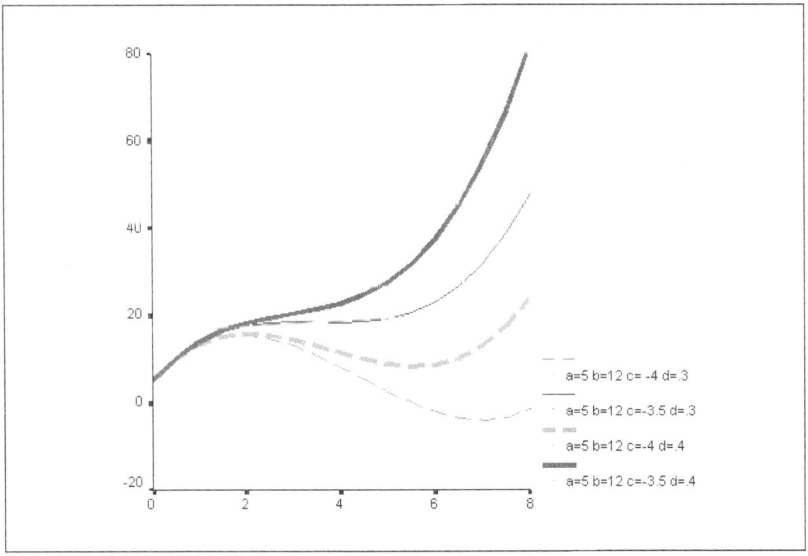

Figura 66. Funciones cúbicas.

En la figura 66, se muestran cuatro funciones cúbicas en las que sólo varían los parámetros *c* y *d*. En ellas se encuentran claramente un máximo y un mínimo relativo, que en la última (línea delgada discontinua) coinciden con los valores 2 y 7 de X.

4) Otras funciones especialmente útiles para variables dicotómicas, pero en general para variables con un conocido límite superior, son las logísticas. En ellas el valor de Y queda conformado por la siguiente expresión:

$$Y = \frac{1}{\frac{1}{\max} + a * b^x} \qquad (80)$$

Si max=1, entonces el valor de Y se limita entre 0 y la unidad, por lo que estas ecuaciones sirven para cuando la variable dependiente es cualitativa y se ha dicotomizado en sólo dos valores.

La forma de la función logística es como la de una S, en la que los valores de la variable dependiente no pueden sobrepasar los límites marcados.

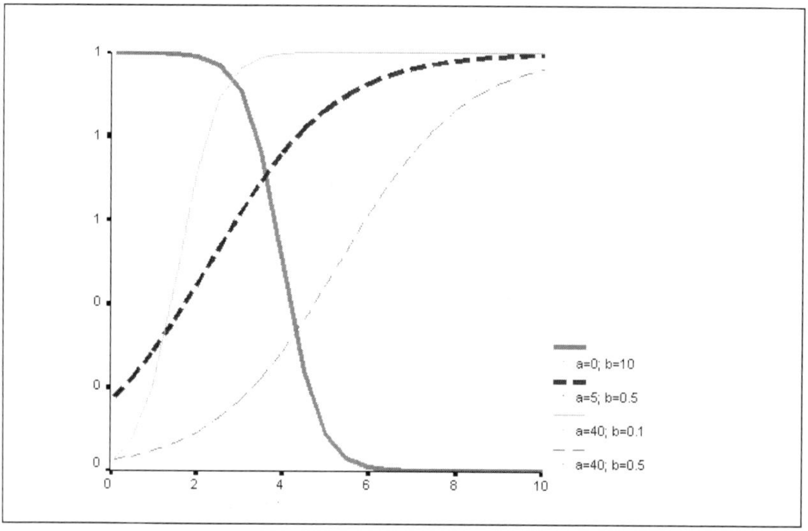

Figura 67. Funciones logísticas.

En la figura 67, donde se muestran cuatro funciones logísticas, puede apreciarse que el coeficiente *b* marca el incremento de la variable dependiente (si es inferior a 1, la variable dependiente aumenta con la independiente; si es superior a esta cantidad, disminuye a medida que se aumenta X), mientras que el coeficiente *a* indica el nivel mínimo a partir del que empiezan a subir los valores. Cuanto más alto sea éste coeficiente, menor será el valor de comienzo de la variable dependiente, porque el valor de Y en el caso de que X sea 0 es de 1/(1+a).

Todas estas funciones (logarítmicas, inversas y polinómicas) pueden ser obtenidas mediante una instrucción del programa del SPSS que permite ajustar al mismo tiempo distintas ecuaciones. Se consigue mediante las órdenes *Estadística/Regresión/Estimación curvilínea*, tras lo cual aparece el cuadro de instrucciones siguiente:

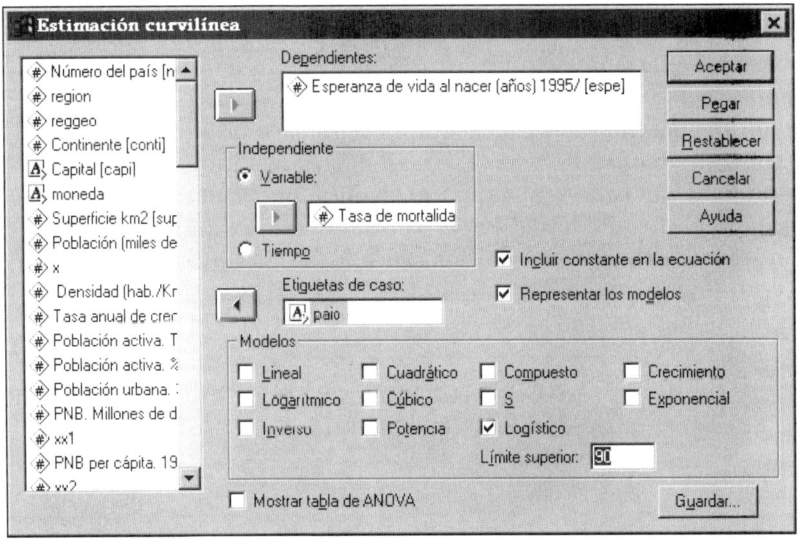

Figura 68. Cuadro de diálogo de la estimación curvilínea.

En él se puede optar por los modelos lineal, logarítmico (lin-log), inverso, cuadrado, cúbico, potencia (log-log), logístico o exponencial (log-lin).

Aplicando este programa a los datos europeos sobre esperanza de vida al nacer (dependiente) y tasa de mortalidad infantil (independiente), se obtuvo la tabla 26:

Tabla 26. Ajuste curvilíneo de esperanza de vida sobre mortalidad infantil

MODEL: MOD_1.
Independent: MORTINF

Dependent	Mth	Rsq	d.f.	F	Sigf	Upper bound	a	b	c	d
ESPE	LIN	.484	39	36.57	.000		77.6144	-.3088		
ESPE	LOG	.654	39	73.86	.000		85.8372	-5.1758		
ESPE	**INV**	**.665**	39	77.52	.000		67.9122	51.7160		
ESPE	QUA	.630	38	32.34	.000		80.8079	-.7670	.0109	
ESPE	**CUB**	**.741**	37	35.23	.000		87.1888	-2.2057	.0902	-.0011
ESPE	POW	.649	39	72.16	.000		86.8655	-.0706		
ESPE	GRO	.484	39	36.60	.000		4.3523	-.0042		
ESPE	EXP	.484	39	36.60	.000		77.6603	-.0042		
ESPE	LGS	.484	39	36.60	.000		.0129	1.0042		

Entre ellos, destaca el ajuste cúbico y el inverso pues ambos tienen un R^2 superior a dos tercios. El hecho de que el *d* cúbico sea negativo y el *b* inverso positivo indican lo mismo: que la relación entre la esperanza de vida y la mortalidad infantil es de tal forma que un incremento de la segunda implica una disminución de la primera. Todo ello se refleja adecuadamente en la figura 69, donde se han representado junto al ajuste lineal, el cúbico y el inverso, en la que además al haber representado los puntos empíricos, sobresale el hecho de que los dos ajustes curvilíneos son superiores al lineal.

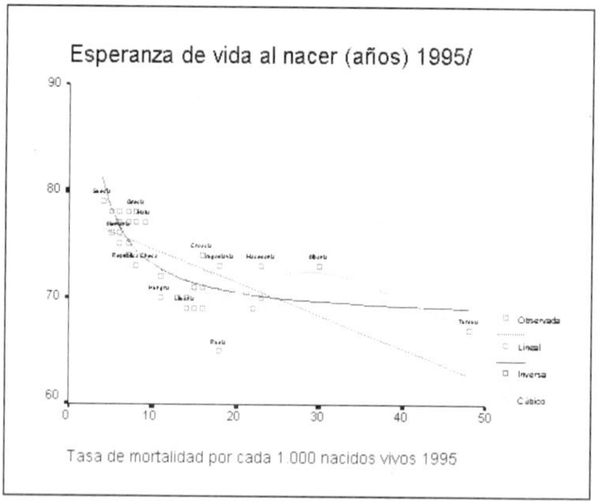

Figura 69. Ajustes lineal, inverso y cúbico de la esperanza de vida.

5) Finalmente hay que referirse a los ajustes posicionales, en la medida en que son los más propios del análisis exploratorio de datos. Bajo esta denominación se incluyen aquellos que utilizan las medidas posicionales de la distribución tales como la mediana y los cuartiles. En este texto se van a considerar tres de ellos: la regresión por bandas, la línea de Tukey y el ajuste o suavizado conocido como 53R´H.

5.1) La regresión por bandas consiste en i) dividir la nube de puntos en k segmentos de igual tamaño[13] en función de la variable independiente, ii) encontrar en cada uno de estos segmentos la mediana tanto de la variable dependiente como de la independiente y, finalmente, iii) unir estos puntos medianos entre sí.

En el programa SPSS no hay ningún procedimiento que permita construir directamente una regresión por bandas. Sin embargo, puede realizarse de la siguiente manera:

En primer lugar, es conveniente, aunque no necesario hasta el final, ordenar el fichero por la variable independiente. Ello se ejecuta con las instrucciones *Datos/Ordenar Casos.*

Seguidamente, se creará una variable que indica el n-til en el que se va a clasificar cada caso. El valor del n-til será igual al número de bandas que se desea para construir. En el ejemplo que se contempla será utilizado el valor de k=6. Esta variable puede crearse mediante la instrucción *Transformar/Asignar rango a los casos/Tipo/Ntiles.*

Una vez creada esta variable, a la que automáticamente se le da el nombre de n seguido por la variable sobre la que se construye el rango (por ejemplo, npnbppa, si la variable independiente se denomina pnbppa), se solicitan las medianas de X e Y para cada valor de la nueva variable. El modo más directo de obtener esta función es mediante la instrucción *Estadística/Resumir/Explorar,* poniendo en *Dependientes* las variables X e Y y escribiendo en *Factores* el nombre de la nueva variable creada (npnbppa, en este caso).

Entre los datos que produce esta instrucción se encuentran sendas medianas de X e Y para cada segmento conformado por la variable *npnbppa,* como aparece en la tabla 27:

[13] Existe una variante de esta regresión consistente en realizar los k segmentos en los que se calculan las medianas en función de intervalos iguales de la variable independiente, en lugar de hacerlo hallando grupos de igual tamaño.

Tabla 27. Medianas de PNB y esperanza de vida por grupos de casos

Descriptivos		
		Mediana
PNB per cápita, 1995. PPA	1	2400.0000
	2	4290.0000
	3	6410.0000
	4	16720.0000
	5	20265.0000
	6	21940.0000
Esperanza de vida al nacer (años) 1995/	1	71.0000
	2	70.0000
	3	70.0000
	4	77.0000
	5	78.0000
	6	77.0000

A continuación hay que asignar estos valores de la mediana a los casos. Aunque puede hacerse mediante menú, es preferible hacerlo mediente programación. Se abre una ventana de sintaxis (*Archivo/Nuevo/Sintaxis*) y se escribe un programa similar al expuesto en la tabla siguiente:

Tabla 28. Instrucciones para crear variables para la regresión por bandas

```
if (npnbppa eq 1) mdpnbppa = 2400.0000.
if (npnbppa eq 2) mdpnbppa = 4290.0000.
if (npnbppa eq 3) mdpnbppa = 6410.0000.
if (npnbppa eq 4) mdpnbppa = 16720.0000.
if (npnbppa eq 5) mdpnbppa = 20265.0000.
if (npnbppa eq 6) mdpnbppa = 21940.0000.
if (npnbppa eq 1) mdespevi = 71.0000.
if (npnbppa eq 2) mdespevi = 70.0000.
if (npnbppa eq 3) mdespevi = 70.0000.
if (npnbppa eq 4) mdespevi = 77.0000.
if (npnbppa eq 5) mdespevi = 78.0000.
if (npnbppa eq 6) mdespevi = 77.0000.
```

Finalmente, se solicita un gráfico conjunto de dispersión (*Gráficos/ Dispersión/ Superpuesto)* en el que se explicitan dos pares de variables: las de las variables originales y las de las variables medianas. Y en la edición del gráfico se dejan los puntos para las primeras y se traza la línea para las segundas (*Diseño/Interpolación*).

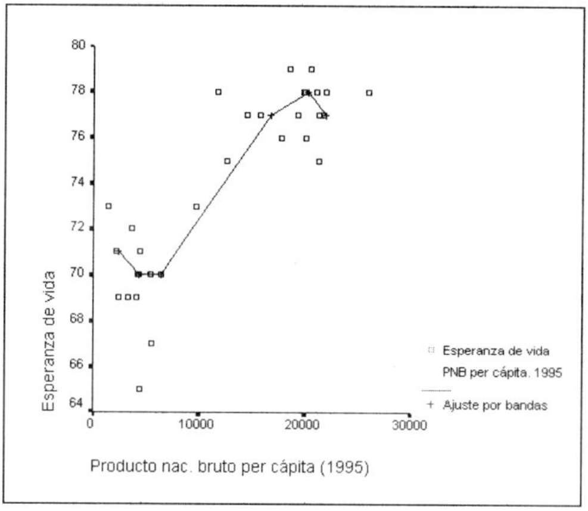

Figura 70. Regresión por bandas de la esperanza de vida según el PNB per cápita.

5.2) La línea de Tukey (1977) pretende construir de modo gráfico una línea recta robusta, esto es, insensible a casos extremos y desviaciones de los supuestos. Para su trazado se deben realizar los siguientes pasos:

En primer lugar, se divide la distribución en tres segmentos distintos con igual número de casos en cada uno de ellos. En el primero y en el último se calculan las medianas tanto de la variable independiente (MdX_1 y MdX_3) como de la dependiente (MdY_1 y MdY_3). Con ello se obtiene el coeficiente *b* mediante la siguiente fórmula:

$$b = \frac{MdY_3 - MdY_1}{MdX_3 - MdX_1} \tag{81}$$

Una vez obtenida la pendiente de la recta, se halla el coeficiente *a*, calculando la mediana de la diferencia entre los valores de Y y los de *b*X[14].

Tampoco ofrece el SPSS un procedimiento directo para ajustar la línea de Tukey, por lo que será necesario efectuar el proceso mediante los siguientes pasos:

---

[14] Otro modo de obtener el parámetro a es hallando una media de los residuos en cada uno de los centros de los segmentos (Emerson y Hoaglin, 1983):

$$a = \frac{1}{3}\{[Med(Y_1) - bMed(X_1)] + [Med(Y_2) - bMed(X_2)] + [(Med(Y_3) - bMed(Y_3)]\} \tag{82}$$

Lo primero que hay que realizar es construir una variable que indique para cada caso si se encuentra en el primero, segundo o tercer tercio. Esto se logra, como en el caso precedente, mediante la instrucción *Transformar/Asignar rango a los casos/Tipo/Ntiles*, si bien hay que poner el valor de 3 en lugar de otro mayor recomendado en la regresión por bandas.

Una vez que se dispone de esta variable, se obtiene la mediana para cada uno de los tres segmentos, operación que puede realizarse bien con la instrucción *Estadística/ Resumir/Explorar*, bien con *Estadística/ Resumir/Informes en capas*, en cuyo caso hay que pedir el estadístico *Mediana* con X e Y como *Variables de resumen* y la variable n-til como la *Variable de agrupación*. El resultado será el de una tabla similar a la que se presenta a continuación:

Tabla 29. Medianas de PNB per cápita y esperanza de vida en 3 ntiles

Informes en capas		
	NTILES of PNBPPA	Mediana
Esperanza de vida al nacer (años) 1995/	1	70.0000
	2	76.0000
	3	78.0000
	Total	75.0000
PNB per cápita. 1995. PPA	1	4120.0000
	2	12670.0000
	3	21230.0000
	Total	12670.0000

A partir de estos datos, se calcula fácilmente el valor de *b*: (78-70)/(21230-4120). Es decir, *b* será igual a 0.0004675. Con este valor, se construye una nueva variable (*Destim*), equivalente a los residuos de una regresión que pasara por el origen. Para ello se utiliza la instrucción *Transformar/Calcular* y se escribe la siguiente expresión: *Destim=espe*-0.0004675**pnbppa*.

A continuación se calcula la mediana de la nueva variable Destim, con lo que el resultado que se obtiene es de 68,0.

El siguiente paso sería la construcción de otra nueva variable, que son los valores predichos por la línea de Tukey. Para ello, otra vez con *Transformar/Calcular* se escribe la siguiente expresión: *Testim*=68.0+0.0004675**pnbppa*.

Finalmente, se construye el gráfico de dispersión con los siguientes pares de variables: las originales por un lado y la variable Testim con la variable independiente original. Sobre este último par es sobre el que habría que unir los puntos para obtener la línea de Tukey.

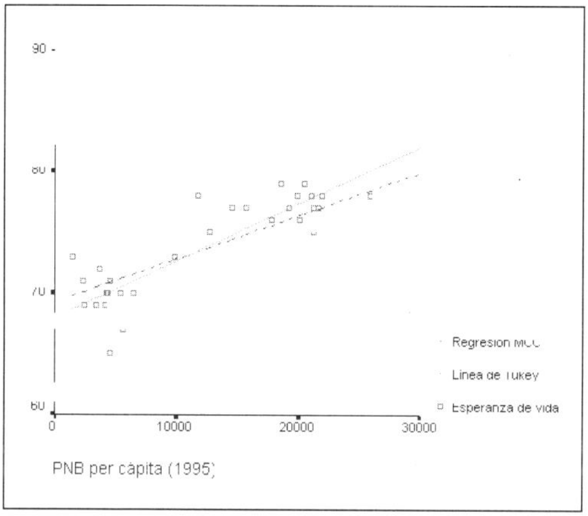

Figura 71. Línea de Tukey comparada con la regresión lineal.

c) El ajuste 53R'H es similar al primer procedimiento de los llamados posicionales en la medida en que también es un medio de suavizar las series de datos. Esta técnica sólo se aplica a la variable dependiente en el caso de que la independiente tenga intervalos regulares y continuos de valores, lo que sólo suele ocurrir en el caso de que la variable independiente sea el tiempo y la recogida de la información de la variable dependiente no posea ninguna irregularidad. Sin embargo, en la mayor parte de los casos debe aplicarse a ambas variables.

Para proceder a su aplicación se deben llevar a cabo al menos cuatro pasos: en el primero de ellos se calculan las medianas móviles de orden cinco, lo cual quiere decir que se han de ir agrupando en grupos de cinco los valores de cada una de las variables y de estos cinco se selecciona el central. En la columna segunda de la tabla 30 se ve claramente el proceso: los dos primeros números no tienen una mediana móvil de orden 5, pues por encima del valor no hay dos observaciones; por ello, se ha sustituido su valor por el valor empírico[15], que

[15] En general, todos los valores encerrados entre paréntesis se han obtenido por substitución.

es el expuesto en la primera columna. La primera mediana móvil, por tanto, es el tercer valor de la segunda columna (71) y procede de ordenar los valores {73, 71, 69, 69, 72}, pues al hacerlo {69, 69, 71, 72, 73} es el 71 el que ocupa la posición central.

El segundo paso consiste en aplicar las medianas móviles de orden 3 a la serie que contiene las de orden 5. El resultado sobre la variable esperanza de vida está expuesto en la tercera columna de la misma tabla 24. Aunque no tiene por qué ser siempre así, se aprecia que da resultados iguales a los de la segunda columna salvo en el penúltimo de los valores.

En tercer lugar, la operación que hay que efectuar es la repetición (R') de las medianas móviles de orden 3 hasta que dé idénticos valores a los de la serie anterior. En este caso, sólo es necesario realizarlo una vez, pues es de fácil comprobación que los valores de la columna cuarta son idénticos a los de la tercera. Variables con más oscilación de valores sí podrían necesitar al menos una nueva aplicación de la mediana móvil de orden 3.

La última operación (H[16]) consiste en hallar las medias móviles centradas de orden dos sobre la serie obtenida anteriormente. Así, el primer valor resultante se iguala al primer observado (o si se prefiere, se deja como valor perdido). El siguiente (segundo) sería el resultado de promediar dos medias: la del primero y segundo con la del segundo y tercero. El siguiente (tercero) se extrae hallando la media del promedio del segundo y tercer valor con el del tercero y cuarto. Y así sucesivamente... Esto puede formularse del siguiente modo:

$$h_i = \frac{\frac{x_{i-1}+x_i}{2} + \frac{x_i+x_{i+1}}{2}}{2} = \frac{x_{i-1}+2x_i+x_{i+1}}{4} \qquad (83)$$

Estas cuatro operaciones se aplican también a la variable independiente, si bien es innecesaria la realización de las tres primeras en la medida en que se dispongan los valores convenientemente ordenados.

Para acabar, se representan los pares de valores suavizados en un diagrama de dispersión y se traza una línea que los una. En la

[16] La abreviatura de H proviene de Hanning, meteorólogo australiano que solía suavizar las series temporales de los datos del tiempo climático.

Tabla 30. Proceso de ajuste con algoritmo 53R'H

Esperanza de vida					PNB per cápita				
Y	Med_5	Med_3	R'	H	X	Med_5	Med_3	R'	H
73	(73)	(73)	(73)	(73.00)	1470	(1470)	(1470)	(1470)	(1470.0)
71	(71)	71	71	71.50	2260	(2260)	2260	2260	2097.5
69	71	71	71	70.50	2400	2400	2400	2400	2607.5
69	69	69	69	69.50	3370	3370	3370	3370	3187.5
72	69	69	69	69.25	3610	3610	3610	3610	3677.5
69	70	70	70	69.75	4120	4120	4120	4120	4017.5
70	70	70	70	70.00	4220	4220	4220	4220	4195.0
70	70	70	70	70.00	4220	4220	4220	4220	4255.0
70	70	70	70	70.00	4360	4360	4360	4360	4355.0
71	70	70	70	70.00	4480	4480	4480	4480	4450.0
65	70	70	70	70.00	4480	4480	4480	4480	4710.0
70	70	70	70	70.00	5400	5400	5400	5400	5215.0
67	70	70	70	70.00	5580	5580	5580	5580	5742.5
70	70	70	70	70.75	6410	6410	6410	6410	7042.5
73	73	73	73	72.75	9770	9770	9770	9770	9415.0
78	75	75	75	75.00	11710	11710	11710	11710	11465.0
75	77	77	77	76.50	12670	12670	12670	12670	12892.5
77	77	77	77	77.00	14520	14520	14520	14520	14347.5
77	77	77	77	77.00	15680	15680	15680	15680	15910.0
76	77	77	77	77.00	17760	17760	17760	17760	17435.0
79	77	77	77	77.25	18540	18540	18540	18540	18525.0
77	78	78	78	77.75	19260	19260	19260	19260	19232
78	78	78	78	78.00	19870	19870	19870	19870	19737.5
78	78	78	78	78.00	19950	19950	19950	19950	19960.0
76	78	78	78	78.00	20070	20070	20070	20070	20137.5
79	78	78	78	77.75	20460	20460	20460	20460	20505.0
78	77	77	77	77.25	21030	21030	21030	21030	20937.5
75	77	77	77	77.00	21230	21230	21230	21230	21185.0
77	77	77	77	77.00	21250	21250	21250	21250	21347.5
77	77	77	77	77.00	21660	21660	21660	21660	21627.5
78	77	77	77	77.00	21940	21940	21940	21940	22850.0
78	(78)	77	77	76.75	25860	(25860)	25860	25860	27897.5
76	(76)	(76)	(76)	(76.00)	37930	(37930)	(37930)	(37930)	(37930.0)

figura 72 aparece el ajuste 53R'H acompañado del ajuste lineal y el de Tukey. Como puede observarse, a diferencia de estos dos últimos, el resultado no es una línea recta, sino el de una quebrada.

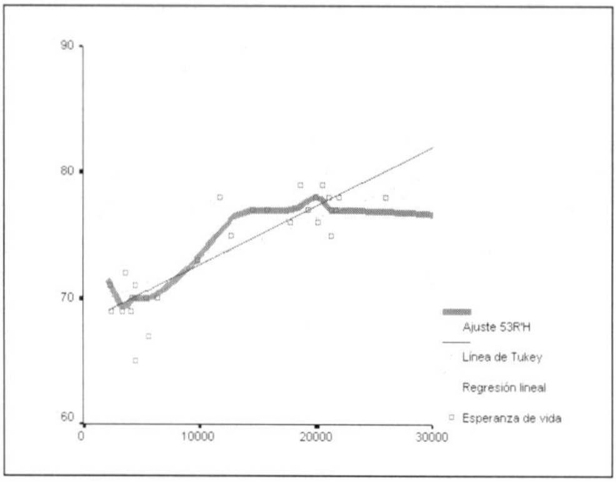

Figura 72. Ajuste 53R'H a la relación entre esperanza de vida y PNB per cápita.

Tampoco este ajuste se obtiene de forma automática con el programa estadístico SPSS. Sin embargo, resulta algo más fácil de obtener que el ajuste de Tukey, pues con la instrucción *Transformar/Crear serie temporal* se pueden calcular tanto medianas móviles como medias móviles centradas (Hanning).

De este modo, tras ordenar el fichero por los valores de la variable independiente, el paso siguiente es construir la mediana móvil de orden 5 sobre la variable dependiente con el siguiente cuadro de instrucciones:

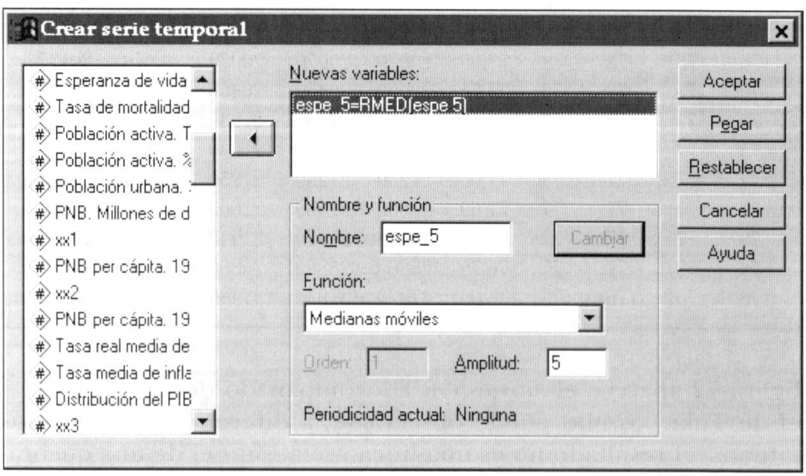

Figura 73. Cuadro de diálogo para realizar medianas móviles.

Posteriormente, se va aplicando la mediana móvil de *amplitud* 3 sobre las variables ya creadas (*espe_5* en el segundo paso) y, finalmente se aplica la media móvil centrada de amplitud 2 mediante el siguiente cuadro de diálogo:

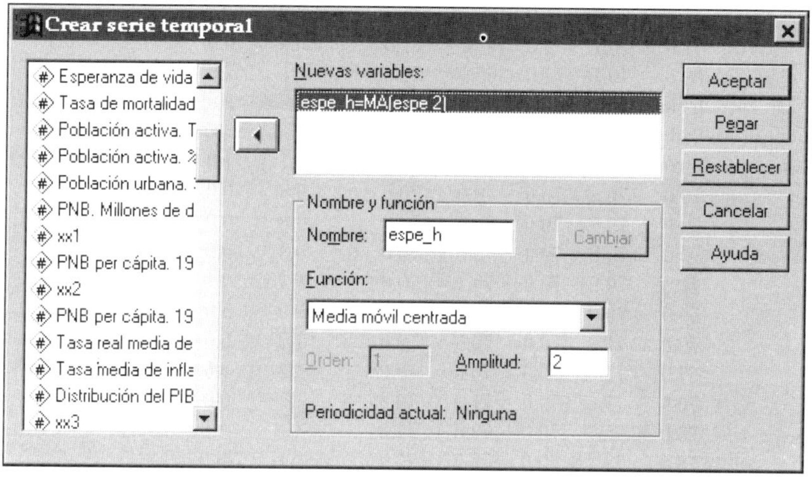

Figura 74. Cuadro de diálogo para crear medias móviles centradas.

Este proceso se aplica a X e Y y con las nuevas variables creadas se realiza un gráfico de dispersión (*Gráficos/ Dispersión/ Superpuesto*) en el que tienen que incluirse dos pares de datos: el de las variables originales y el de las variables suavizadas. Una vez realizado el gráfico, se edita (véase figura 72) dejando los puntos para las primeras y trazando una línea que una los valores de las segundas (*Diseño/Interpolación*).

Anteriormente se vio que en la regresión lineal así como en sus derivadas, se podía calcular una medida del ajuste de la línea o curva a los datos. Era con el coeficiente de determinación o cociente entre la suma de cuadrados de la regresión y la suma de cuadrados de la variable dependiente.

Es obvio que, por definición, la suma de los residuos al cuadrados mínima obtenible al ajustar una recta es mediante la regresión clásica de MCO. También se sabe que como la recta pasa por el par de puntos ($\bar{x}$, $\bar{y}$), la suma de residuos es cero. Comparados estos datos con los de los ajustes posicionales, se han de señalar las siguientes características:

Tabla 31. Valores empíricos, ajustados y residuos de la esperanza de vida al nacer

Valor	Valores ajustados				Residuos			
Real	Lineal	Med	Tukey	53R'H	Lineal	Med	Tukey	53R'H
73.0	69.8	71.0	68.7	71.5	-3.2	-2.0	-4.3	-1.5
71.0	70.1	71.0	69.1	71.5	-0.9	0.0	-1.9	0.5
69.0	70.1	71.0	69.1	70.5	1.1	2.0	0.1	1.5
69.0	70.5	71.0	69.6	69.5	1.5	2.0	0.6	0.5
72.0	70.6	71.0	69.	69.3	-1.4	-1.0	-2.3	-2.8
69.0	70.7	70.0	69.9	69.8	1.7	1.0	0.9	0.8
70.0	70.8	70.0	70.0	70.0	0.8	0.0	0.0	0.0
70.0	70.8	70.0	70.0	70.0	0.8	0.0	0.0	0.0
70.0	70.8	70.0	70.0	70.0	0.8	0.0	0.0	0.0
71.0	70.9	70.0	70.1	70.0	-0.1	-1.0	-0.9	-1.0
65.0	70.9	70.0	70.1	70.0	5.9	5.0	5.1	5.0
70.0	71.2	70.0	70.5	70.0	1.2	0.0	0.5	0.0
67.0	71.3	70.0	70.6	70.0	4.3	3.0	3.6	3.0
70.0	71.6	70.0	71.0	70.8	1.	0.0	1.0	0.8
73.0	72.7	70.0	72.6	72.8	-0.3	-3.0	-0.4	-0.3
78.0	73.4	70.0	73.5	75.0	-4.6	-8.0	-4.5	-3.0
75.0	73.8	77.0	73.9	76.5	-1.2	2.0	-1.1	1.5
77.0	74.4	77.0	74.8	77.0	-2.6	0.0	-2.2	0.0
77.0	74.8	77.0	75.3	77.0	-2.2	0.0	-1.7	0.0
76.0	75.6	77.0	76.3	77.0	-0.4	1.0	0.3	1.0
79.0	75.9	77.0	76.7	77.3	-3.1	-2.0	-2.3	-1.8
77.0	76.1	77.0	77.0	77.8	-0.9	0.0	0.0	0.8
78.0	76.3	78.0	77.3	78.0	-1.7	0.0	-0.7	0.0
78.0	76.4	78.0	77.3	78.0	-1.6	0.0	-0.7	0.0
76.0	76.4	78.0	77.4	78.0	0.4	2.0	1.4	2.0
79.0	76.5	78.0	77.6	77.8	-2.5	-1.0	-1.4	-1.3
78.0	76.7	78.0	77.8	77.3	-1.3	0.0	-0.2	-0.8
75.0	76.8	78.0	77.9	77.0	1.8	3.0	2.9	2.0
77.0	76.8	77.0	77.9	77.0	-0.2	0.0	0.9	0.0
77.0	77.0	77.0	78.1	77.0	0.0	0.0	1.1	0.0
78.0	77.1	77.0	78.3	77.0	-0.9	-1.0	0.3	-1.0
78.0	78.5	77.0	80.1	76.8	0.5	-1.0	2.1	-1.3
76.0	82.7	77.0	85.7	76.0	6.7	1.0	9.7	0.0
Suma de residuos					0.0	2.0	5.9	4.8
Suma de residuos cuadrados					185.6	148.0	219.8	77.3
Rango intercuartílico 7.0					2.6	2.00	2.01	1.5
Ajuste					0.63	0.71	0.71	0.79

a) La suma de los residuos sólo es cero en el ajuste de MCO.

b) La suma de residuos al cuadrado de MCO es menor que la de la línea de Tukey; pero generalmente mayor que el ajuste por bandas o el suavizado.

Para descubrir la superioridad de los ajustes posicionales, es preciso recurrir a otra forma de medir el ajuste de las líneas a los puntos. La propuesta de Johnstone y Velleman (1982) es la de comparar el rango intercuartílico de los residuos con el de la variable dependiente original. De este modo, se puede llegar a un coeficiente equiparable al R^2:

$$R'^2 = 1 - \frac{RI(e_i)}{RI(y_i)} \qquad (84)$$

En la tabla 31 se exponen los valores reales de la variable esperanza de vida al nacer junto con los valores esperados según los modelos lineal, traza de la mediana, Tukey y 53R'H. De igual modo, se acompañan a la derecha los correspondientes residuos de los mencionados ajustes. Finalmente, se muestran tres líneas con la suma, la suma de cuadrados, el rango intercuartílico de los residuos y el ajuste con los rangos intercuartílicos.

Como puede apreciarse en los últimos datos de la tabla 31, el mejor ajuste es el suavizado y el peor el lineal. La regresión lineal es la única en que la suma de residuos es nula; pero los residuos al cuadrado están mejor ajustados con el 53R'H que con la línea MCO.

OTRAS TÉCNICAS EXPLORATORIAS

El análisis exploratorio tiene como finalidad un atento examen del comportamiento de las variables antes de realizar análisis complejos con ellas. Se basa principalmente en la utilización de estadísticos resistentes y robustos, empleando métodos gráficos en los que se muestra el comportamiento atípico de los datos y donde puede diferenciarse la tendencia general de los residuos.

En esta introducción al AED han quedado importantes temas sin tratar que podrían ser objeto de una segunda parte. Entre los tópicos que serían de necesaria inclusión están:

a) La representación gráfica multivariable. Ilustraciones gráficas como las caras de Chernoff, los gráficos de Andrews, las técnicas de representaciones de probabilidades multivariantes, los gráficos de estrella, así como gráficos especializados como los ejes factoriales, los dendrogramas, los árboles de segmentación, las representaciones bi-plots,... multiplican las posibilidades de representación gráfica de los datos analizados (Everitt, 1978; du Toit *et al.*, 1986).

b) Una ampliación de los métodos robustos de la regresión, como por ejemplo la regresión iterativa, que busca a través de varios ajustes la robustez de los coeficientes, o el algoritmo Ace, que busca las transformaciones de las variables de una regresión múltiple que maximizan el valor del coeficiente de determinación (Hoaglin *et al.*, 1983).

c) Métodos de ajuste de las tablas de doble entrada a través de la mediana, que también de modo iterativo tratan de ofrecer un análisis más resistente que el que pueda serlo el de varianza (Emerson y Hoaglin, 1983).

d) Técnicas para el análisis multivariado de tablas basadas en el procedimiento de estandarización para el descubrimiento de relaciones espúreas e interacciones (Marsh, 1988).

e) Otras técnicas de suavizado y un estudio de las diferencias de utilizar una u otra técnica de alisado (Goodal, 1990).

f) Algoritmos para el cálculo de errores típicos robustos que resuelvan el problema de la exactitud de las estimaciones estadísticas cuando los datos de los que proceden no se ajustan a un determinado modelo de distribución. Entre las técnicas para este fin, destacan las denominadas de jack-knife y bootstrap (Stine, 1990).

BIBLIOGRAFÍA

ANDREWS, D.F. *et al.* (1972), *Robust Estimates of Locations. Survey and Advances.* Princeton: Princeton Univ. Press.

CHAMBERS, J.M. (1983), *Graphical Methods for Data Analysis.* Pacific Grove, California: Wadsworth and Brooks.

CLEVELAND, W.S. (1994), *The Elements of Graphing Data.* Murray Hill, New Jersey: AT&T Bell Laboratories.

DU TOIT, S.H.C., A.G.W. STEIN y R.M. STUMP (1986), *Graphical Exploratory Data Analysis.* New York: Springer.

EMERSON, J.D. y D.C. HOAGLIN (1983), «Resistant Lines for y versus x», en D.C. Hoaglin, F. Mosteller y J.W. Tukey (eds.), *op. cit.*

EVERITT, B. y G. DUNN (1983), *Advanced Methods of Data Exploration and Modelling.* London: Heinemann.

EVERITT, B. (1978), *Graphical Techniques for Multivariate Data.* London: Heinemann.

FOX, J.Y. y J.S. LONG (1990), *Modern Methods of Data Analysis.* Newbury Park: Sage.

FREIXA, M. *et al.* (1992), *Análisis Exploratorio de Datos: Nuevas técnicas estadísticas.* Barcelona: PPU, 1992.

GOODAL, C. (1990), «A Survey of Smoothing Techniques», en J. Fox y J.S. Long, *op. cit.*

GRIFFITHS, D., W.D. STIRLING y K.L. WELDON (1998), *Understanding Data. Principles and Practice of Statistics.* Brisbane: John Wiley & Sons.

HAMILTON, L.C. (1992), *Regression with Graphics. A Second Course in Applied Statistics*, Belmont, California: Duxbury Press.

HARTWIG, F. y B.E. DEARING (1979), *Exploratory Data Analysis.* Newbury Park, California: Sage.

HOAGLIN, D.C., F. MOSTELLER y J.W. TUKEY (eds.) (1983), *Understanding Robust and Exploratory Data Analysis.* New York: John Wiley and Sons.

HOAGLIN, D.C., F. MOSTELLER y J.W. TUKEY (eds.) (1985), *Exploring Data Tables, Trends and Shapes.* New York: John Wiley and Sons, 1985.

JOHNSTONE, I y P.F. VELLEMAN (1982), «Tukey's Resistant Line and Related Methods: Asymptotics and Algorithms», en *1981 Proceedings of the Statistical Computing Section.* Washington D.C.: American Statistical Association: 218-223.

LEWIS-BECK, M.S. (1993), *Basic Statistics.* London: Sage.

MARSH, C. (1988), *Exploring Data. An Introduction to Data Analysis for Social Scientists.* Cambridge: Polity Press.

MOSTELLER, F. y J.W. TUKEY (1977), *Data Analysis and Regression.* Reading, Mass.: Adisson-Wesley.

MOSTELLER, F. *et al.* (1983), *Beginning Statistics with Data Analysis.* Reading, Mass.: Adisson-Wesley.

PALMER A. (1995), *El análisis exploratorio de datos.* Madrid: Eudema.

PEÑA, D. (1991), *Estadística. Modelos y Métodos.* Madrid: Alianza.

SCHMID, C., F. (1983), *Statistical Graphics. Design Principles and Practices.* New York: John Wiley & Sons.

STINE, R. (1990), «An Introduction to Bootstrap Methods: Examples and Ideas», en J. Fox y J.S. Long, *op. cit.*

TUFTE, E. R. (1986), *The Visual Display of Quantitative Information.* Cheshire, CT: Graphic Press, 1986.

TUKEY, J.W. (1977), *Exploratory Data Analysis.* Reading, Mass.: Adisson-Wesley.

WELLEMAN, P.F. y D.C. HOAGLIN (1981), *Applications, Basics and Computing of Exploratory Data Analysis,* Boston: Duxbury.

WILK, M. B. y R. GNANADESIKAN (1968), «Probability Plotting Methods for the Analysis of Data», en *Biometrika*: 55: 1-17.

Cuadernos de Estadística
Dirección: Ramón Ardanuy Albajar
Juan Etxeberria Murgiondo
Gregorio Rodríguez Gómez
Francisco J. Tejedor Tejedor

Títulos publicados:

1. R. Martínez Arias: *El análisis multivariante en la investigación científica.*
2. M. Escobar: *Análisis gráfico/exploratorio.*
3. F. J. Tejedor: *Análisis de varianza.*
4. J. Etxeberria: *Regresión múltiple.*
5. L. Joaristi y L. Lizasoain: *Análisis de correspondencias.*
6. E. García Jiménez: *Análisis factorial.*